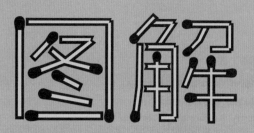

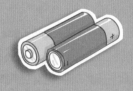

图解
化学

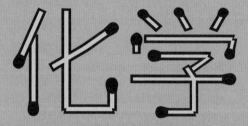

CHEMISTRY
AN ILLUSTRATED
GUIDE FOR ALL AGES

［美］阿里·塞泽尔（Ali O. Sezer） 著

谌宜蓁 译

中信出版集团 | 北京

图书在版编目（CIP）数据

图解化学 /（美）阿里·塞泽尔著；谌宜蓁译 . --
北京：中信出版社，2024.6（2025.5重印）
书名原文：Chemistry: An Illustrated Guide for
All Ages
ISBN 978–7–5217–6464–2

I.①图… II.①阿… ②谌… III.①化学－普及读
物 IV.① O6–49

中国国家版本馆 CIP 数据核字（2024）第 060587 号

图解化学
著者： ［美］阿里·塞泽尔
译者： 谌宜蓁
出版发行：中信出版集团股份有限公司
（北京市朝阳区东三环北路 27 号嘉铭中心 邮编 100020）
承印者： 北京利丰雅高长城印刷有限公司

开本：787mm×1092mm 1/16 印张：13.5 字数：150 千字
版次：2024 年 6 月第 1 版 印次：2025 年 5 月第 5 次印刷
京权图字：01–2024–1584 书号：ISBN 978–7–5217–6464–2
定价：79.00 元

版权所有·侵权必究
如有印刷、装订问题，本公司负责调换。
服务热线：400–600–8099
投稿邮箱：author@citicpub.com

C
O
N
T
E
N
T
S 目

录

→

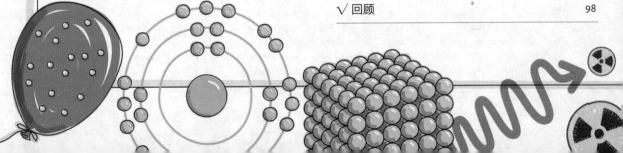

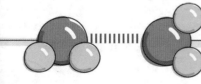
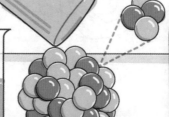

引言

化学研究物质。宇宙中的万物由物质组成，拥有质量和体积。化学通过观察、实验、假设和理论，来解释物质的质量、颜色、气味和密度等性质，以及环境改变时物质如何发生变化、为何会发生变化。

在科学的所有分支中，化学处于中心地位。不仅如此，化学还无处不在——我们目之所及的一切都由化学物质组成，我们的日常行为也都与化学反应息息相关。

抛开化学，我们就无法理解世界如何运转，而我们却很少（甚至从不）认真思索化学对日常生活的影响。

下面的时间轴列出了几百年来与化学相关的重要发现，将在一定程度上阐释这门科学的起源。

化学大事件

公元前 5 世纪，古希腊哲学家留基伯（Leucippus）和他的学生德谟克利特（Democritus）第一次提出，世界由不可分割的小粒子（atomos）构成。然而，哲学家、博学者亚里士多德（Aristotle，公元前 384—前 322）认为物质是连续的，能够无限分割下去。由于受到亚里士多德的影响，留基伯和德谟克利特的理论直到 2 000 年后才被人们广泛接受。

自古以来，炼金术思维在科学、哲学和神学相关的探讨中一直处于主导地位。炼金术融合了科学、哲学和神秘主义，炼金术士的终极追求是将普通金属转化为黄金这种"完美"金属，并炼制出长生不老药。炼金术的兴盛延续至 17 世纪晚期，罗伯特·波义耳（Robert Boyle，1627—1691）和后来的安托万-洛朗·德·拉瓦锡（Antoine-Laurent de Lavoisier，1743—1794）等前卫思想家的涌现，以及人们对冶金的理解更加深入，为炼金术时代画上了句号。

公元前 5 世纪

留基伯和德谟克利特提出"物质粒子论"，这与当时的普遍认识有所不同

不过在现代科学的起步阶段，炼金术依然发挥了关键作用。早期科学家从原子和粒子的角度探究物质的时候，常会以炼金术原理为参照。1661年，英国哲学家、化学家及物理学家罗伯特·波义耳出版了《怀疑派化学家》（*Sceptical Chymist*），并在其中分享了他在气体方面的研究成果。他提出，元素由"微粒"（原子）组成，这种微粒能结合形成多种不同的化学物质。17世纪的许多其他学者在波义耳学说的基础上进一步研究，推动了实验化学的发展和诸多元素的发现。

法国化学家安托万–洛朗·德·拉瓦锡仔细地综合了前人的知识，将依据实验观察得出理论的技巧加以完善。通过研究不同元素在氧气中的燃烧反应，他发现在化学反应前后物质的质量是不变的（质量守恒定律）。拉瓦锡也是第一位列出了广泛的元素清单的科学家，他还帮助构建了公制计量体系和化学命名法。拉瓦锡被视作"现代化学之父"，为后来的化学家开辟了道路。

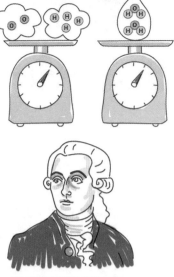

拉瓦锡通过测量化合物在化学反应前后的总质量，证明了质量守恒定律

1789   **1793**

另一位法国化学家约瑟夫·路易·普鲁斯特（Joseph Louis Proust, 1754—1826）通过大量的实验观察确立了定比定律：每一种化合物，无论其来源如何、制备方法如何，其组成元素总是确定的，并且以固定的比例存在。

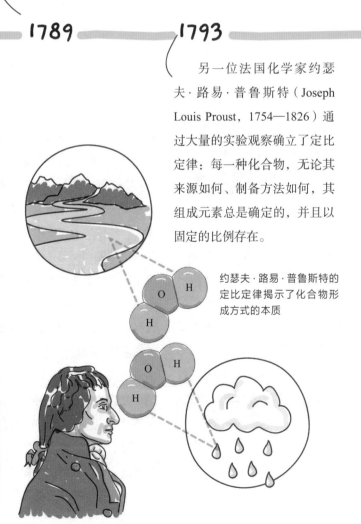

约瑟夫·路易·普鲁斯特的定比定律揭示了化合物形成方式的本质

罗伯特·波义耳认为元素由微粒组成，这种微粒能结合形成多种不同的化学物质

1661

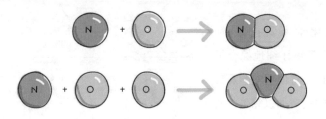

英国化学家、物理学家及气象学家约翰·道尔顿（John Dalton，1766—1844）将定比定律归因于物质的粒子性，并推断化合物的组成元素具有固定的比例是因为物质由原子构成。随后，他证明了元素还能够以不同的固定比例结合，生成不同的化合物（倍比定律）。

约翰·道尔顿解释，正因为物质是由原子构成的，它们才有可能以特定比例形成化合物

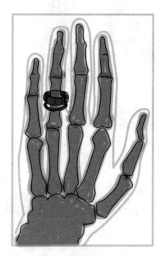

1904

汤姆孙的"葡萄干布丁"原子模型

1803

道尔顿的"实心球"原子模型

1803 年，道尔顿发表了物质的原子论，他将原子描述为不可分割的实心球体，认为原子组成了所有物质。他的理论激发了大量的研究，让 19 世纪的科学取得了令人眼花缭乱的发展，人们发现了更多的元素，最初的元素周期表也由此诞生。

1895

科学家几乎花了整整一个世纪才发现了人眼可见范围以外的光的存在。德国物理学家威廉·康拉德·伦琴（1845—1923）发现了一种能够穿透人体的不可见光，他称之为"X射线"。1895 年，伦琴发布了第一张X射线影像（拍摄对象是他妻子的左手），震惊了整个科学界。因为这项伟大发现，伦琴在 1901 年被授予首届诺贝尔物理学奖。他将自己的成果赠予全人类，拒绝接受哪怕一分钱的奖金作为补偿。伦琴并不清楚这些不可见光的危害，最终死于癌症，但在这位巨星陨落之前，革命性的医学影像学领域已由他亲手揭开了帷幕。

第一张X射线影像，展示了伦琴妻子的左手

1905

阿尔伯特·爱因斯坦阐明了光的本质，并解释了光与物质的相互作用

1905 年，生于德国的理论物理学家阿尔伯特·爱因斯坦（Albert Einstein，1879—1955）提出，光由一个个能量包组成——他称之为光子，光子以波的形式在空间中传播，也就是电磁辐射。科学家立即就物质的本质及光与物质的相互作用展开了激烈的辩论。爱因斯坦的光子说促成了量子理论的诞生，量子理论的出现为科学家提供了新的探索工具，进一步带来了足以彻底改变人类生存经验的科学发现。

化学对人类社会的影响可以追溯至 20 世纪初。1905 年，德国化学家弗里茨·哈伯（Fritz Haber，1868—1934）发明了一种通过燃烧空气中的氢气和氮气来合成氨的反应。氨是生产化肥的必要原料，哈伯的这一发明成为农业史上的转折点。由此，农业迎来了空前繁荣，为人类及家畜解决了当时紧迫的粮食问题。

合成氨对化肥生产来说至关重要，它的发明带来了农业的繁荣

1911

卢瑟福的"行星"原子模型

1913

玻尔的"圆形轨道"原子模型

1926

薛定谔的"电子云"原子模型

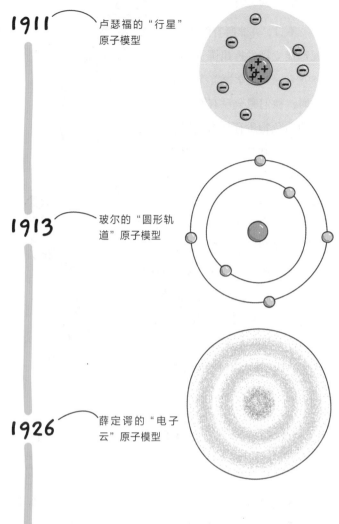

1928 年，亚历山大·弗莱明爵士（Alexander Fleming，1881—1955）偶然发现了青霉素。这是一项堪称完美的科学成就：这位苏格兰研究者的发现直接促成了抗生素的问世，直到今天，抗生素依然是治疗许多疾病的良药。

1928

青霉素的发现证明了科学对于人类社会的重要意义

不过，并非所有的科学发现都能立即发挥出强大的效用。1898 年，当化学家首次合成出聚乙烯时，他们完全没有看出这种黏糊糊的白色物质有什么应用前景。然而，到了 1933 年，人们偶然发现了一种大规模生产聚乙烯的工业流程。这一发现标志着塑料时代的到来，今天最为常见的塑料从那时起开始投入广泛使用。尽管如今社会对环境的关注改变了许多人对塑料的看法，但这无法抹灭塑料产品在 20 世纪（尤其是在工业化进程中）的重要价值，无可否认的是，塑料使全世界人们的日常生活发生了革命性巨变。

塑料在许多方面影响了人类生活

1983

PCR 检测成为 DNA 化学中的标准方法

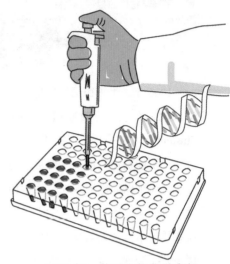

1983 年，美国生物化学家凯利·班克斯·穆利斯（Kary Banks Mullis，1944—2019）发现了聚合酶链反应（PCR），为 PCR 检测技术的出现奠定了基础。这种检测方法具有超高灵敏度，如今被广泛用于鉴定生物样本中的病毒和细菌感染。这一发现革新了 DNA（脱氧核糖核酸）化学领域，穆利斯也因此在 1993 年被授予诺贝尔化学奖。PCR 技术让化学家能够将 DNA 样本扩增或复制数亿次，使检测变得更加迅速和便捷，随之有效地应用于多个领域，比如 DNA 指纹分析、病毒和细菌检测，以及遗传性疾病的诊断。PCR 检测在艾滋病与新冠疫情的防控中也发挥了极大的作用，足以体现穆利斯这项发现的重大意义。

1933　　1964　　1971

在整个 20 世纪，随着人们对物质的化学性质有了更深入的了解，以及更多先进研究设备问世，许多新的特殊化学品陆续被创造出来。比如，一种性质与液体和晶体都很接近的化合物——液晶，直接促成了 1964 年液晶显示器（LCD）的发明。这对电子工业产生了极大的影响，在人们如此依赖显示器和电子屏的今天，我们很难想象没有它们的生活会是什么样。

1971 年，日本生物化学家远藤章（Akira Endo）发现了一类被命名为他汀的化合物。后来的研究证明，这类化合物能够有效降低血液中低密度脂蛋白（LDL）的水平，也就是常说的"坏"胆固醇。血液中高水平的胆固醇与冠心病等严重的健康风险有关，他汀类药物的发现可以说拯救了数千万人的生命，也因此广受赞誉。

20 世纪 60 年代中期，液晶显示器的发明给电子工业带来了翻天覆地的变化

他汀类药物能够抑制动脉中的胆固醇堆积

1990

超分子化学领域的科学研究主导了整个 20 世纪 90 年代，其研究对象是那些尺寸远大于单分子、更加复杂的新型分子。让－马里·莱恩（Jean-Marie Lehn）、唐纳德·J. 克拉姆（Donald J. Cram）和查尔斯·J. 佩德森（Charles J. Pedersen）于 1987 年共同获得诺贝尔化学奖，掀起了一阵超分子热潮。分子结构单元通过非共价键作用，自组装形成纳米级结构，大分子由此产生。如今人们认为，复杂的分子体系对于药物研发、化学和生物传感器、纳米科学、分子仪器和纳米反应器等许多应用领域都至关重要。2016 年的诺贝尔化学奖再次颁给了 20 世纪 90 年代和 21 世纪初的相关科学研究成果，以表彰超分子化学对于分子机器领域的贡献。这类分子机器在许多不同领域都有着重要价值，其中之一就是能够帮助将治疗癌症的药物输送至人体内的靶细胞。

利用超分子组建的三维结构将治疗性药物容纳于空腔，以实现靶向运输

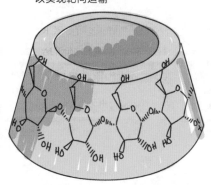

从 1998 年起，原子序数为 113 至 118 的元素陆续被发现，元素周期表的第七行被填补完整，整张元素周期表逐渐完善。在严格控制的实验条件下，在粒子加速器中用较轻的原子核束轰击重原子核进行人工嬗变，𫓧（1998）、𫟍（2000）、𬭩和镆（2003），𬬭（2006）及𫟷（2010）被发现。由于这些元素的存在时间只有几分之一秒，科学界花费了数年时间才逐一确证和承认了它们的存在。我们有理由相信，未来人们也许能发现元素周期表的第八行。

1998

| 114 | 𫓧 |
| Flerovium |

2000

| 116 | 𫟍 |
| Livermorium |

2003

| 113 | 𬭩 |
| Nihonium |

| 115 | 镆 |
| Moscovium |

2006

| 118 | 𬬭 |
| Oganesson |

2010

| 117 | 𫟷 |
| Tennessine |

作为一门科学，化学在取得这些重要发现及其他不计其数的科学成果的过程中发挥着核心的关键作用。如果不了解化学领域，就无法领会近 200 年来科学家取得的伟大成就。这正是本书的写作宗旨。《图解化学》通过有感染力的图解、令人称奇的生活应用，以原子为起点，探究化学的基本原理。在此过程中，本书将帮助你理解和领会化学怎样延伸到了各个科学技术领域，进而塑造和诠释着我们的现代社会和生活方式。

第1章

化学：当之无愧的核心科学

化学是关于物质的科学，涵盖了物质的组成、结构、变化，以及物质与物质、物质与能量之间的反应。从德谟克利特和亚里士多德，到炼金术的实验时代，再到"现代化学之父"安托万－洛朗·德·拉瓦锡，化学拥有悠久的历史。在此期间，科学家通过观察与实验，发展了多种多样的化学理论，试图更好地阐释我们所生活的物质世界。经此积累下来的知识产生了质变。这使得从 19 世纪中期一直到现在，化学获得了前所未有的进步和发展，现代化学成了一门重要的基础科学。

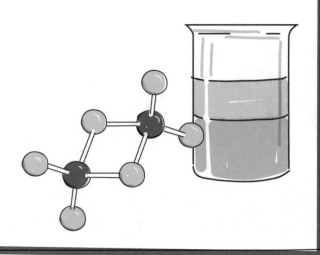

化学的基石作用

世界是由物质和能量组成的，这两者正是化学研究与阐释的对象。小到原子、大到行星，从无机的岩石到有机的生命，在我们探索和了解物质的道路上，化学起着至关重要的作用。不仅如此，化学对很多其他科学领域来说也非常重要。

你会如何体验到化学的影响？

化学的实际应用十分广泛，以多种多样的方式影响着人们的生活。

化学对于治疗各种疾病的新型药物的研发起着关键性作用。

由于材料化学取得了一些惊人的进展，以聚合物为基础的材料正逐步取代硅基电子材料。

化学能够帮助测定古文物的年代，揭示文物的制造方法。

化学工程是化学学科的实践性分支。制造我们日常生活中必不可少的许多化学品及产品的大型工厂，都需要运用化学工程来规划、设计及建造。

生物化学研究复杂的生物系统，是一门结合了生物学与化学的科学。正是因为有生物化学，科学家才发现了抗生素在应对细菌感染方面的重要作用。

地球化学研究地质文物的构成、变化与测年，也研究许多地质作用，比如火山喷发、陨石与化石的形成、岩石沉积物的演化。

化学在现代医学的发展中占据着重要地位，例如，化学推动了干细胞技术的发展。

化学在农业中具有非常大的价值，不仅创造了杀虫药和肥料，还揭示了许多优化作物产量的方法。

化学也在许多其他领域发挥着重要作用，包括物理学、植物学、生态学、气象学、古生物学、毒理学、冶金学和神经病学。

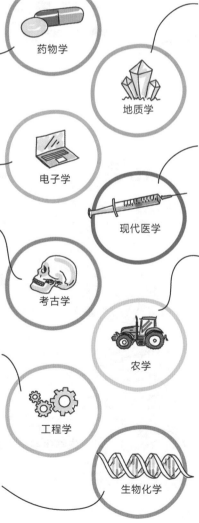

药物学

地质学

电子学

现代医学

考古学

农学

工程学

生物化学

枝繁叶茂的化学学科

化学有 5 个传统分支：物理化学、分析化学、无机化学、有机化学和生物化学。它们还能继续被细分成超过 40 个分支学科。随着新的应用领域不断涌现，化学分支学科的数量在持续增加。尽管存在着许多分支，但化学学科的根本任务始终如一：研究物质以及物质在物理反应、化学反应和核反应中的变化类型。每个学科阐释化学过程的角度不同，能够帮助我们更好地理解人类生活的宇宙，它们都是不可或缺的。

物理化学：研究应用于化学体系的物理、数学理论和技术。

分析化学：研究用于分离、鉴定和量化物质的化学方法。

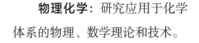

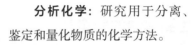

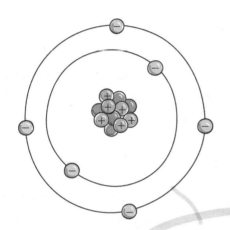

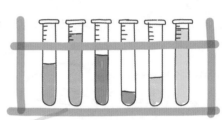

化学

无机化学：研究无机化合物的性质和变化。无机化合物通常指不含碳元素和氢键的化合物。

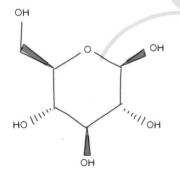

有机化学：研究含碳化合物的性质和变化。

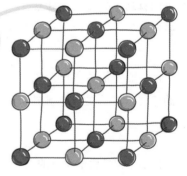

生物化学：研究生物体内的化学过程。

什么是物质？

概括地说，拥有一定质量与体积的东西就叫作物质，无论它是否能用肉眼看见。一切物体都由物质组成，而物质由**原子**这种微小的基本单元构成。物质有三种主要的状态：**固态**、**液态**和**气态**。

物质的定义

物体的**质量**是指物体所含物质的多少。

物体的**体积**是指物体所占空间的多少。

密度是物质的固有特性，它的定义是单位体积物质的质量。

密度＝质量/体积

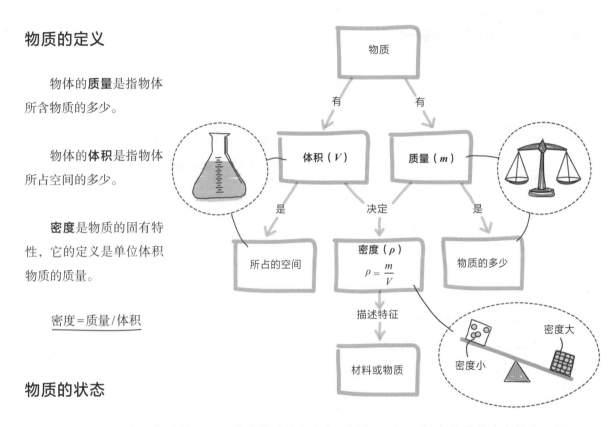

物质 — 有 → 体积（V） — 是 → 所占的空间

物质 — 有 → 质量（m） — 是 → 物质的多少

体积（V） — 决定 → 密度（ρ）$\rho = \dfrac{m}{V}$

密度（ρ） — 描述特征 → 材料或物质

密度小　密度大

物质的状态

固态是密度最大的物质状态，固态物质的原子或分子紧密地排列在固定位置。

液态物质的密度介于固态与气态之间，原子或分子能够在一定范围内移动，但彼此之间仍保持着较近的距离。

气态物质的密度最小，原子或分子之间的距离很远。由于密度小，粒子之间吸引力很小，气体粒子能够自由移动。

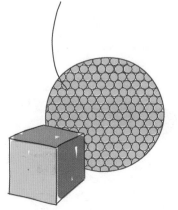

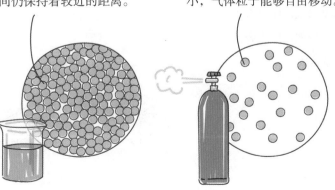

物质的分类

物质无处不在。在日常生活中，我们会接触到各种形态的物质。我们呼吸着物质，也时刻触碰着物质，衣食住行都与之密切相关。它们可能以**纯净物**（仅由一种物质组成）形式存在，也可能以包含不同物质的**混合物**形式存在。

物质的分类

纯净物具有明确、固定的结构和成分，不因样本不同而发生变化。纯净物经过元素的永久结合形成，需要通过化学过程才能将其分解。例如，食盐（NaCl）是钠原子和氯原子经过化学结合形成的纯净物；水（H_2O）分子是由两个氢原子和一个氧原子构成的，水也是纯净物。

纯净物有单质和化合物两种形式。所有物体都由原子构成，**单质**作为物质的基本形式，仅含有一种原子。例如，单质金仅由金原子构成。

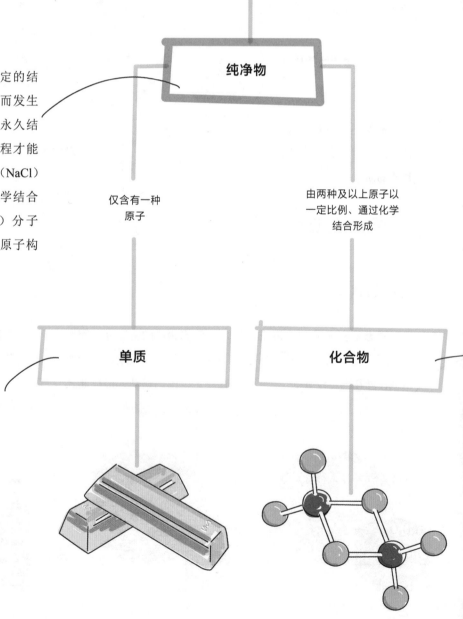

只能用化学方法分解

纯净物

仅含有一种原子

由两种及以上原子以一定比例、通过化学结合形成

单质

化合物

物质

某些元素总是倾向于与其他元素进行化学结合，这也解释了为什么自然界的大部分元素以化合物的形式存在。只有金、氧、氮等极少数元素在自然状态下以单质形式存在。例如，自然界的铁不以单质形式存在，而是与氧或硫结合，存在于化合物之中。要从混合物形式的物质中分离得到纯净物，经常需要用到提纯技术。

化合物包含两种及以上元素，**分子**是化合物的基本单元，由原子通过化学结合形成。一种化合物的所有分子都含有相同的原子，并且其中的原子以相同比例结合。例如，水（H_2O）是一种化合物，水分子由氢原子和氧原子组成。

混合物的组成不固定，包含两种及以上物质，每种成分均保留着原来的特性，彼此之间没有发生化学结合。因而，我们能够使用过滤、蒸馏等物理方法将混合物中所含物质分离出来。

能通过物理方法很轻易地将其中的成分分离开来

混合物

各组分不均匀混合

各组分均匀混合

非均相混合物包含两种及以上成分，能够明显观察到所含成分的分布不均匀，例如水油混合物。

非均相混合物

均相混合物

又称为

溶液

均相混合物也称为**溶液**，其中所有成分在各处均匀分布。例如，氯化钠溶解在水中形成盐溶液。

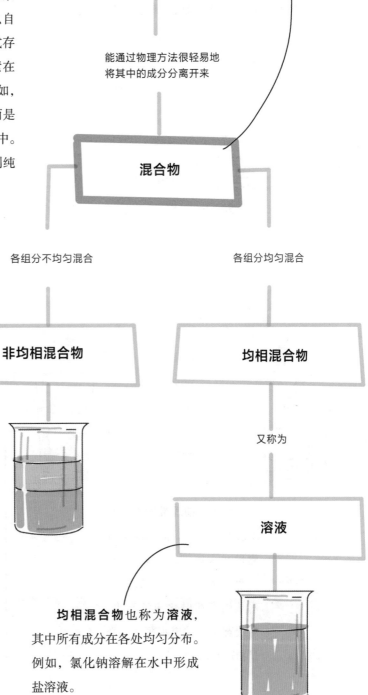

物质的性质与变化

化学最重要的功能之一是发现更有实用价值的新材料，从而改善人类的生活体验，比如通过改变化合物结构来制造治疗不同疾病的药物。发现新材料意味着需要改变物质的**物理性质**、**化学性质**或**核性质**。从简单的相变到物质所含元素的永久性变化，无论是哪种方式，结果都是产生新的物质。

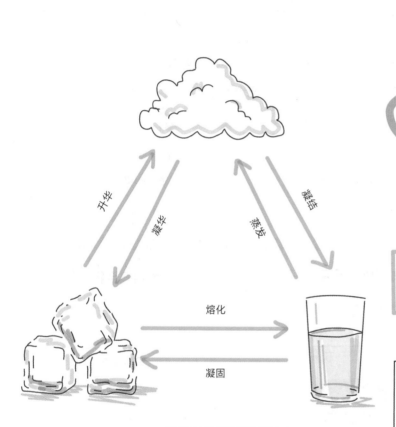

物质的**物理性质**能够在不改变物质成分的情况下被测量或观察到，比如气味、颜色、密度、质量和沸点。水从固态冰融化成液态水，从液态水蒸发成水蒸气，都是物理变化。

许多物质变化所涉及的能量通常体现为**热**（热能）的形式，这是一种不停迁移的能量，计量单位为焦耳（J）或卡路里（cal）。**温度**能够告诉我们热传递的方向。温度代表着物体的冷热程度，而热会自然地从温度高的区域传向温度低的区域。

当相同的元素以不同的排列方式生成具有不同性质的新物质时，就会表现出**化学性质**，比如铁生锈、蜡烛燃烧、汽油燃烧。

木头燃烧也是一种**化学变化**，木头中的碳和其他元素不可逆地转变成了其他化合物，而新生成的化合物依然由和原来相同的元素组成。

化学变化

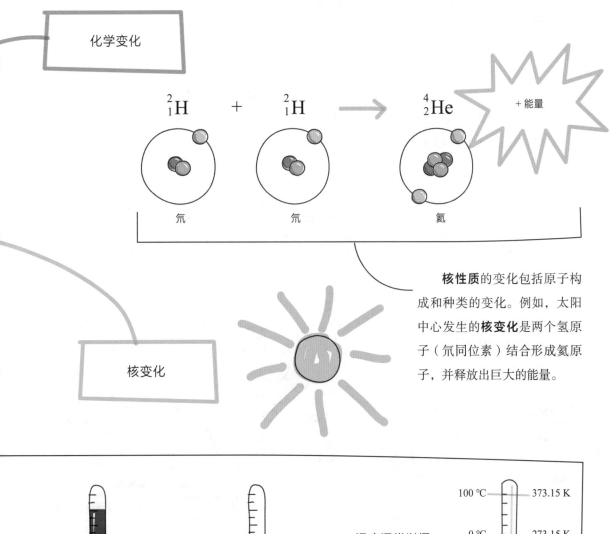

$$^{2}_{1}H + {}^{2}_{1}H \rightarrow {}^{4}_{2}He$$

+能量

氘   氘   氦

核变化

核性质的变化包括原子构成和种类的变化。例如，太阳中心发生的**核变化**是两个氢原子（氘同位素）结合形成氦原子，并释放出巨大的能量。

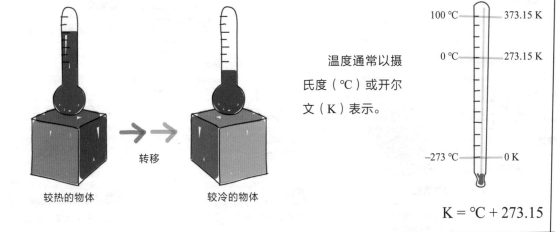

转移

较热的物体   较冷的物体

温度通常以摄氏度（℃）或开尔文（K）表示。

100 ℃	373.15 K
0 ℃	273.15 K
−273 ℃	0 K

$$K = ℃ + 273.15$$

物质与能量

能量可以定义为引发变化的能力。换句话说，能量能够使原本不会自行发生的变化发生。能量没有体积或质量，不属于物质，但能量可以造成物质的变化。能量守恒定律指出，宇宙中的能量是恒定不变的，也就是说，能量既不会凭空产生，也不会凭空消失，只会从一种形式转化成另一种形式。

物质的变化几乎总是伴随着能量的变化。物理变化涉及的能量变化较小（0.5~45 kJ/mol），而化学变化通常会导致大量的能量转变（200~900 kJ/mol）。化学变化和物理变化可能吸收或释放不同形式的能量，核变化则会释放出巨大的能量（1.0×10^8~2.0×10^{11} kJ/mol）。

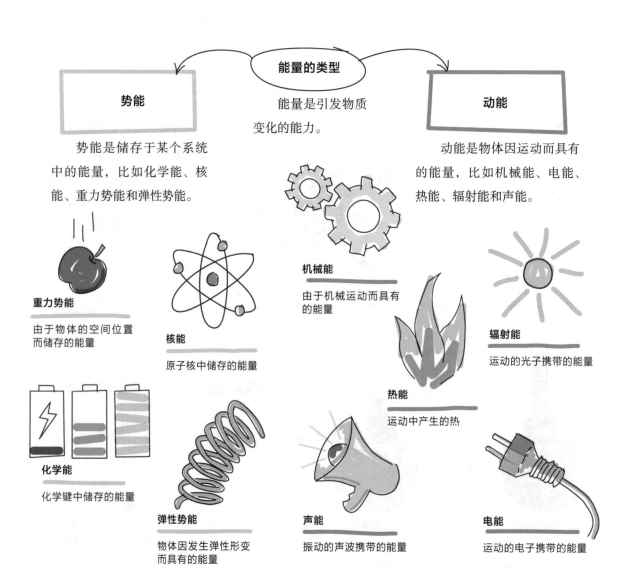

能量的类型

能量是引发物质变化的能力。

势能

势能是储存于某个系统中的能量，比如化学能、核能、重力势能和弹性势能。

动能

动能是物体因运动而具有的能量，比如机械能、电能、热能、辐射能和声能。

重力势能

由于物体的空间位置而储存的能量

核能

原子核中储存的能量

机械能

由于机械运动而具有的能量

辐射能

运动的光子携带的能量

热能

运动中产生的热

化学能

化学键中储存的能量

弹性势能

物体因发生弹性形变而具有的能量

声能

振动的声波携带的能量

电能

运动的电子携带的能量

物质的测量

化学是一门定量科学，与测量物质变化有关的观察与实验是化学家的重要工作内容。物质变化经常伴随着物质的性质变化，比如质量、体积、密度、温度和组成的变化。科学家会测量物质的性质，并将其与具有相同性质且数值已知的标准物质进行比较，从而确保观察结果是合理且可重复的。

测量单位

化学中的测量结果以**数值**加**单位**的形式来表示，测量单位就代表着测定量的衡量标准。

国际单位制（SI）是测量的科学系统，包含 7 个**基本单位**，

这些基本单位根据在整个参照系中保持不变的通用常量或性质来定义。这些**基本量**不能用其他量来表示，独立于其他测量单位，彼此之间也没有关联。

基本量/基本单位能相互组合，得到**导出量/导出单位**。比如，速度单位用长度与时间单位的结合形式来表示，即千米每小时、米每秒。

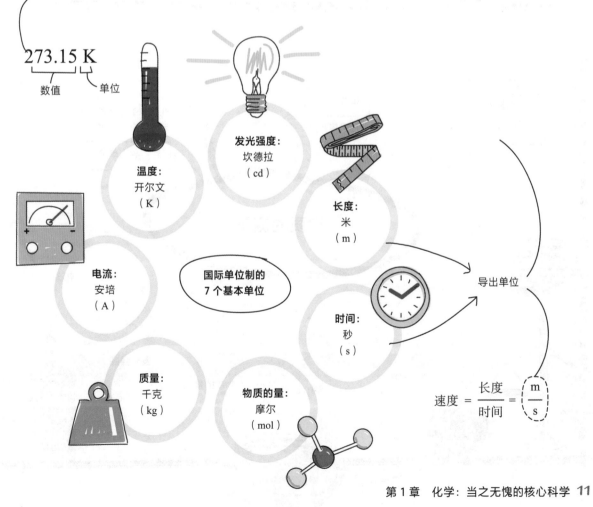

273.15 K

数值　单位

温度：
开尔文
（K）

发光强度：
坎德拉
（cd）

长度：
米
（m）

电流：
安培
（A）

国际单位制的
7 个基本单位

导出单位

时间：
秒
（s）

质量：
千克
（kg）

物质的量：
摩尔
（mol）

$$速度 = \frac{长度}{时间} = \frac{m}{s}$$

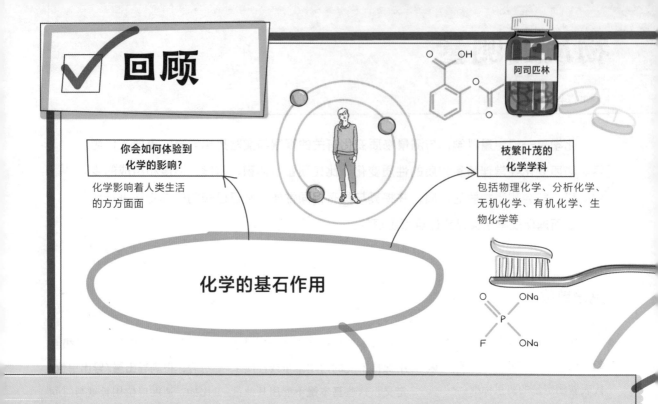

你会如何体验到
化学的影响？

化学影响着人类生活
的方方面面

**枝繁叶茂的
化学学科**

包括物理化学、分析化学、
无机化学、有机化学、生
物化学等

化学的基石作用

化学：当之无愧的核心科学

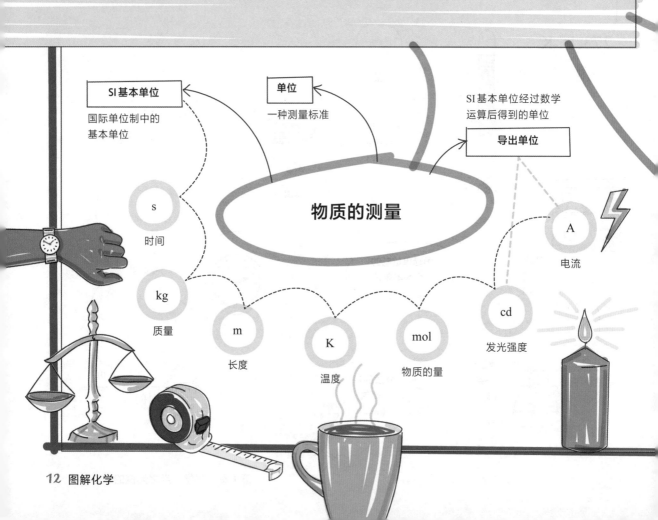

SI基本单位

国际单位制中的
基本单位

单位

一种测量标准

SI基本单位经过数学
运算后得到的单位

导出单位

物质的测量

s
时间

kg
质量

m
长度

K
温度

mol
物质的量

cd
发光强度

A
电流

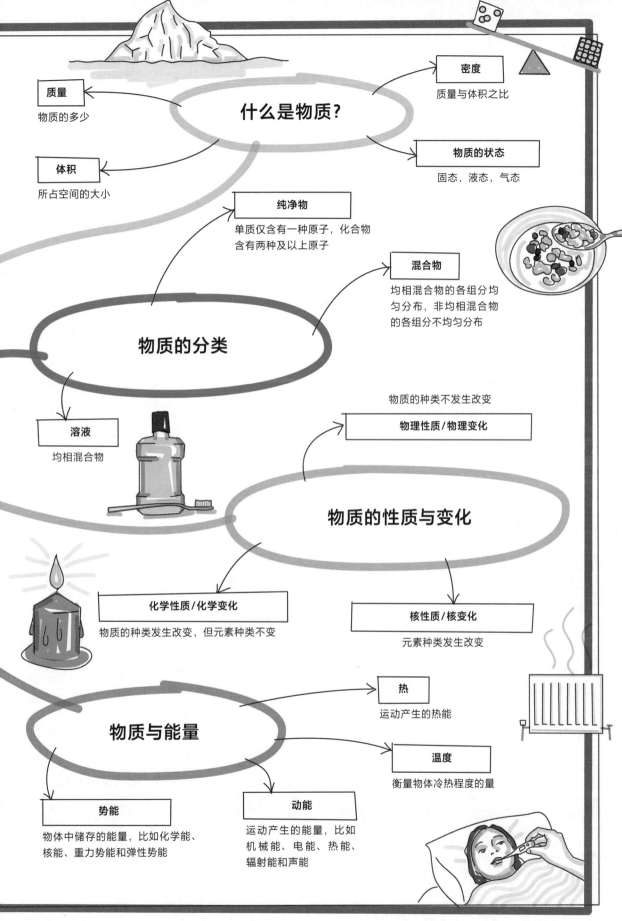

质量
物质的多少

密度
质量与体积之比

什么是物质？

物质的状态
固态，液态，气态

体积
所占空间的大小

纯净物
单质仅含有一种原子，化合物
含有两种及以上原子

混合物
均相混合物的各组分均
匀分布，非均相混合物
的各组分不均匀分布

物质的分类

溶液
均相混合物

物质的种类不发生改变
物理性质/物理变化

物质的性质与变化

化学性质/化学变化
物质的种类发生改变，但元素种类不变

核性质/核变化
元素种类发生改变

热
运动产生的热能

物质与能量

温度
衡量物体冷热程度的量

势能
物体中储存的能量，比如化学能、
核能、重力势能和弹性势能

动能
运动产生的能量，比如
机械能、电能、热能、
辐射能和声能

第 2 章

原子：物质世界的"积木块"

原子是自然界中物质的基本单位，保有元素的所有化学性质。所有物质都是由 94 种已知元素中的一种或多种构成的。[①] 它们就像文字，可以组成词语，形成语言。因此，要想了解物质和宇宙中的物质反应，了解原子及其组成就变得至关重要。尽管所有原子的基本结构类似，但它们由不同的基本亚原子粒子构成，这使得每种元素都有各自独特的原子与性质。

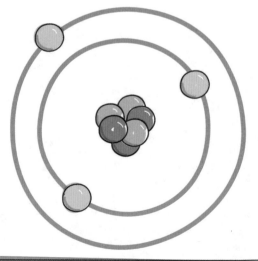

---

① 尽管元素周期表中迄今为止已有 118 种元素，
　但自然界只存在其中的 94 种元素，其他的都
　是人造元素。——编者注

原子模型的演变

受亚里士多德影响，古希腊人相信所有物质都由土、火、水和气四种基本物质以不同数量组合而成。公元前 5 世纪，留基伯和他的学生德谟克利特提出，物质具有"粒子性"——就像一池水可以分割成小水滴，每个水滴还能分割成更小的水滴，直到水滴小到看不见。留基伯认为，最后一定存在一种微小的粒子，无法再被分割成更小的粒子。德谟克利特将这种微小的粒子称为"*atomos*"（在希腊语中意为"不可分割"），"atom"（原子）就是由这个词衍生而来。

英国化学家约翰·道尔顿认为原子是一种固态的、不可分割的**球体**。他提出，所有元素都由相同的原子组成。

现有的原子模型由欧内斯特·卢瑟福（Ernest Rutherford，1871—1937）最先提出。他发现原子有一个微小、致密、带正电荷的中心，周围是电子云形成的**"真空"**。

奥地利物理学家埃尔温·薛定谔（Erwin Schrödinger，1887—1961）发展了现代电子云模型——电子根据能量的不同，分布在原子核周围的三维空间里，叫作**轨函**（orbital①）。这就是当前占主导地位的原子结构理论，也是量子力学的基础。在这个模型中，电子呈现为波的形式，它们在原子中的位置是不确定的。

J. J. 汤姆孙（J. J. Thomson，1856—1940）发现了电子的存在，提出原子由带正电荷的基质和带负电荷的电子组成。这个模型也被称为**葡萄干布丁模型**，汤姆孙认为电子被带正电荷的"布丁"包围，就像葡萄干布丁上的葡萄干。

尼尔斯·玻尔（Niels Bohr，1885—1962）提出**圆形轨道原子模型理论**。他认为原子中的电子只能在特定的圆形轨道（orbit）上绕核运动，各个轨道分别代表不同的能级。

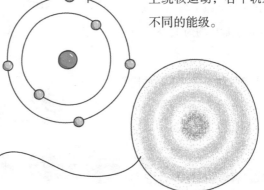

① orbital 是在 orbit 的基础上提出的。orbit 是传统的电子轨道，orbital 是量子模型中的电子轨道，可以理解为电子在空间出现概率较大的区域，在《物理学名词》中的规范译名为"轨函"，定义为"原子和分子中电子的轨道波函数"。——译者注

关于化学结合的科学定律

原子结构一直是个扑朔迷离的难题，直到 18 世纪，科学界百花齐放，一系列重要的科学观察（很大一部分是出于个人爱好的自费研究）让人们对物质的原子结构和特定性质有了更深入的了解。科学家通过化学反应研究新发现的元素的化学性质，并将反应前后的观察结果公之于众。有关元素及其化学性质的知识不断累积，最终发展出了元素间化学结合的重要科学定律。

质量守恒定律指在化学反应中，物质既不会凭空生成，也不会凭空消失。例如，一定质量的氢气与氧气通过化学反应生成水，水的质量与发生反应的氢气和氧气的质量之和相等。

质量守恒定律

定比定律指一种化合物不论样本大小或来源如何，组成它的元素的质量都存在固定的比例关系。比如水（H_2O），无论是河水、雨水还是从水龙头里流出来的水，其中的水分子都包含两个氢原子与一个氧原子，氢和氧的质量比均为 $1:8$。

定比定律

倍比定律指两种元素以不同的比例结合，生成的化合物是不同的。一个氮原子和一个氧原子结合生成一氧化氮（NO），一个氮原子与两个氧原子结合则生成二氧化氮（NO_2），它们是由两种相同元素结合形成的不同化合物。

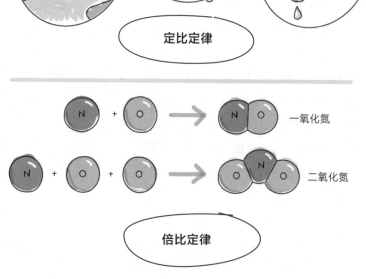

一氧化氮

二氧化氮

倍比定律

原子结构

约翰·道尔顿对前人的工作（尤其是关于化学结合的科学定律）进行了谨慎的检验与诠释，建立了第一个现代原子理论。他提出，元素由原子构成，每种元素的原子都是独一无二的，元素之间可以通过化学方法结合形成化合物。道尔顿清楚地阐释了元素与化合物之间的区别，他的原子论共有四点，其中两点无须修订，在今天仍然适用。而另外两点（原子是不可分的，以及特定元素的所有原子在各方面完全一致）已被证明是不正确的，并得到了更正。

道尔顿的原子论尽管阐释了前人的实验，却没有揭示原子内部的结构。继他的理论之后，一些重要的科学发现陆续形成，展示了原子内部结构的细节。

在现代原子模型中，原子有一个**原子核**，也就是**核子**（质子和中子）所在的位置，原子的质量几乎全部集中于此。**电子**位于原子核之外的广阔空间（也被称为**电子云**），这意味着原子内部的大部分空间是空无一物的。

中性原子的电子与质子数量相等，因而呈现电中性。例如，下图的锂原子中有三个电子和三个质子。

基于与原子核的距离，**电子壳层**的能量有所不同。一个电子离原子核越远，它的能量越大。

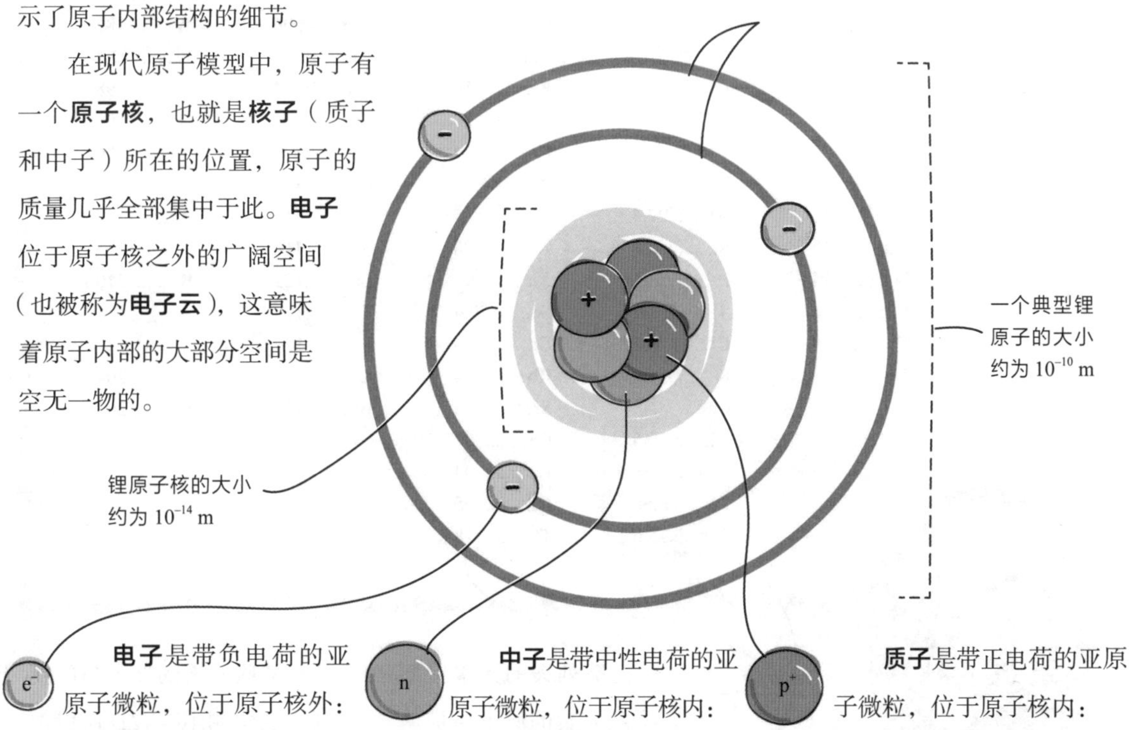

一个典型锂原子的大小约为 10^{-10} m

锂原子核的大小约为 10^{-14} m

电子是带负电荷的亚原子微粒，位于原子核外：

相对电荷：−1

质量：0.000 549 amu[①]

大小：小于 10^{-18} m

中子是带中性电荷的亚原子微粒，位于原子核内：

相对电荷：0

质量：1.008 66 amu

大小：约 10^{-15} m

质子是带正电荷的亚原子微粒，位于原子核内：

相对电荷：+1

质量：1.007 28 amu

大小：约 10^{-15} m

---

① amu 是微观物理学的法定计量单位——原子质量单位，定义为处于基态的碳-12 原子静质量的 1/12。——译者注

门捷列夫与元素周期表

1869 年，俄国化学家及发明家德米特里·伊万诺维奇·门捷列夫（Dmitri Ivanovich Mendeleev，1834—1907）提出了元素周期律，即所有元素的物理和化学性质都随原子质量增大而呈现周期性变化。换句话说，门捷列夫证实了质量是影响元素所有其他性质的重要参数。门捷列夫的元素周期表将当时已知的 63 种元素按原子质量从小到大排序。现代元素周期表将一种元素原子的质子数（原子序数）作为预测元素性质的主要影响因素。

门捷列夫的元素周期表

			Ti..........50	Zr..........90	?..........180
			V..........51	Nb..........94	Ta.........182
			Cr..........52	Mo.........96	W.........186
			Mn.........55	Rh.....104.4	Pt 197.4
			Fe..........56	Ru.....104.4	Ir..........198
			Ni, Co....59	Pd 106.6	Os.........199
H.............1			Cu.........63.4	Ag.........108	Hg.........200
	Be.........9.4	Mg..........24	Zn 65.2	Cd.........112	
	B...........11	Al.........27.4	?...........68	Ur 116	Au........197 ?
	C............12	Si 28	?...........70	Sn 118	
	N...........14	P 31	As 75	Sb 122	Bi.........210 ?
	O...........16	S 32	Se 79.4	Te ....128 ?	
	F...........19	Cl 35	Br..........80	I 127	
	Na........23	K.........39	Rb 85.4	Cs 133	Tl..........204
		Ca.........40	Sr.........87.6	Ba 137	Pb 207
		?.............45	Ce 92		
		? Er.........56	La 94		
		? Y 60	Di..........95		
		? In 75.6	Th ....118 ?		

门捷列夫设计了第一张元素周期表

门捷列夫的元素周期表按照元素的原子质量从小到大排序。

元素周期律成功预测了 8 种当时尚未发现的元素的质量与性质。

某些元素的性质与门捷列夫的预测不一致，所以他认为这些元素原子质量的测量数据并不准确。之后的科学发现证实了他的猜想。

现代元素周期表

现代元素周期表根据质子数（或者说**原子序数**）列出了118种元素。继门捷列夫之后的科学发展总结出，原子序数是能够最准确地描述元素性质的基本参数。

尽管元素周期表的形式多样，但相同之处在于，每个格子里都会列出一种元素的**符号**、**名称**、**原子序数**和**原子质量**。

原子序数：也叫质子数，每种元素的质子数都是唯一的，是定义元素的重要特征。

元素符号：元素名称的缩写。

元素名称：元素的正式名称。

原子质量：该元素的所有已知同位素质量的加权平均值，以原子质量单位表示一个原子的质量（1 amu ≈ 1.66×10^{-27} kg）。

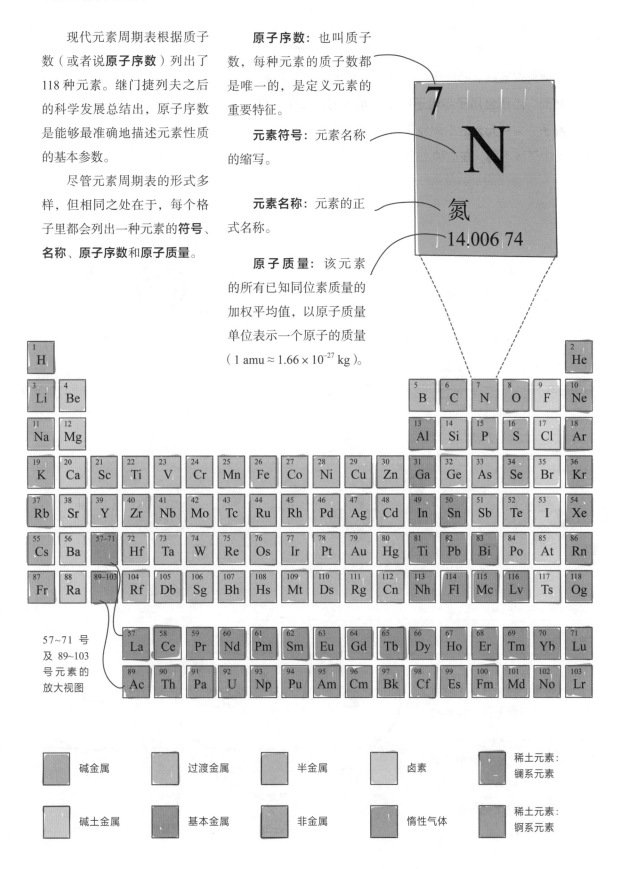

57~71号及89~103号元素的放大视图

碱金属
过渡金属
半金属
卤素
稀土元素：镧系元素

碱土金属
基本金属
非金属
惰性气体
稀土元素：锕系元素

离子与同位素

当拥有相同数量的质子与电子时，原子不显（正或负）电性。然而，当所含质子与电子数量不相等时，原子就会带电，成为**离子**。某种元素的不同原子可能拥有同样数量的质子与电子，但中子数不同，在这种情况下，这类原子互为**同位素**。

氟原子（F）有9个电子和9个质子，呈电中性。

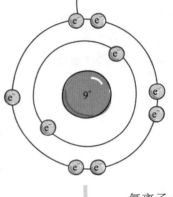

离子

当质子（带1个正电荷）数量多于电子（带1个负电荷）数量时，原子整体带正电。这种带正电荷的离子被称为**阳离子**。

当质子（带1个正电荷）数量少于电子（带1个负电荷）数量时，原子整体带负电。这种带负电荷的离子被称为**阴离子**。

氟离子（F⁻）有9个质子和10个电子。

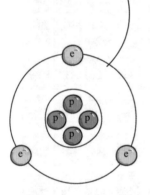

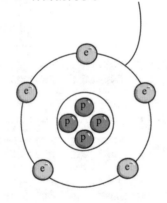

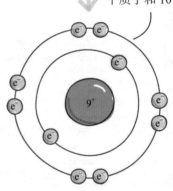

同位素

同位素的质子与电子数量相同，而中子数不同，因此它们的质量也不相同。例如，氢有三种同位素，它们的中子数各不相同。自然界存在许多同位素，其中有稳定同位素，也有不稳定同位素。

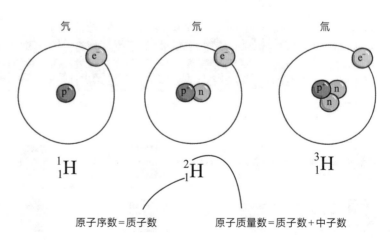

氕　　氘　　氚

^1_1H　　^2_1H　　^3_1H

原子序数＝质子数　　原子质量数＝质子数＋中子数

摩尔与摩尔质量

化学家用SI基本单位**摩尔**（mol）来计量原子、离子、分子等在实验室环境下难以测量的微粒。摩尔的定义为，1 摩尔物质中包含的微粒数量等于 0.012 kg（12 g）^{12}C（碳−12）包含的 ^{12}C 原子个数，即 6.022×10^{23} 个，这个数值叫作**阿伏伽德罗常数**。1 摩尔物质的质量（以克计）被称为**摩尔质量**，单位为 g/mol。

单个原子的质量用原子质量单位来表示。原子是非常小的粒子，所以其质量也很小。一个分子的质量是通过将元素周期表中的原子质量相加来确定的。

在实验室环境下，研究人员使用 1 摩尔物质（6.022×10^{23} 个粒子）而非单个粒子来进行计量。每种纯净物都有其摩尔质量，使得给定样品中的粒子数量是一定的。例如，水的摩尔质量是 18.016 g/mol。

单个氧原子的质量为 16 amu。

单个氢原子的质量为 1.008 amu，两个氢原子的质量为 2.016 amu。

单个水分子（H_2O）的质量为它包含的原子质量之和，也就是 18.016 amu。

$\times\ 6.022 \times 10^{23}$

1 mol水
质量：18.016 g

1 mol水 包含 6.022×10^{23} 个水分子，它的质量为 18.016 g。

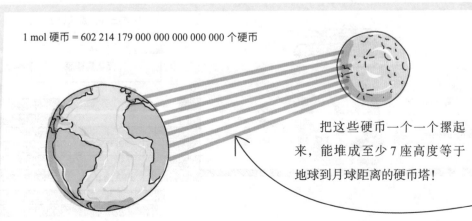

1 mol 硬币 = 602 214 179 000 000 000 000 000 个硬币

把这些硬币一个一个摞起来，能堆成至少 7 座高度等于地球到月球距离的硬币塔！

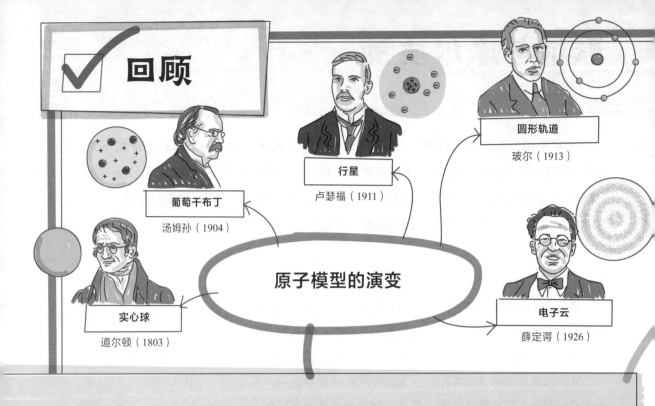

原子模型的演变

葡萄干布丁
汤姆孙（1904）

行星
卢瑟福（1911）

圆形轨道
玻尔（1913）

实心球
道尔顿（1803）

电子云
薛定谔（1926）

原子：物质世界的"积木块"

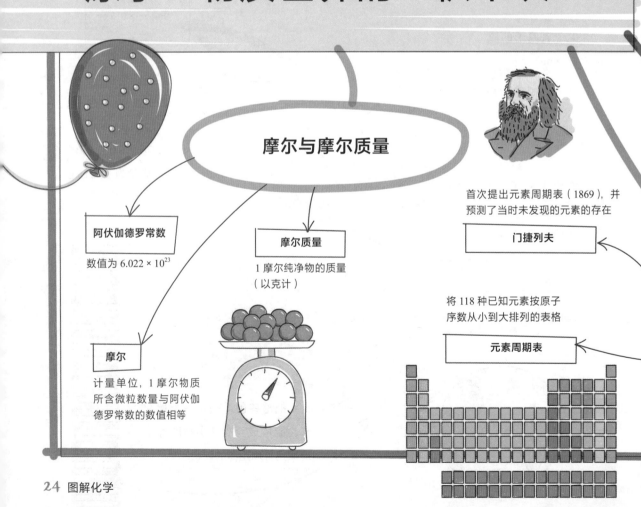

摩尔与摩尔质量

阿伏伽德罗常数
数值为 6.022×10^{23}

摩尔质量
1 摩尔纯净物的质量
（以克计）

摩尔
计量单位，1 摩尔物质
所含微粒数量与阿伏伽
德罗常数的数值相等

首次提出元素周期表（1869），并
预测了当时未发现的元素的存在

门捷列夫

将 118 种已知元素按原子
序数从小到大排列的表格

元素周期表

由安托万−洛朗·德·拉瓦锡提出（1774）：物质既不能被创造，也不能被摧毁

定比定律

原子以特定的比例结合形成化合物

质量守恒定律

关于化学结合的科学定律

倍比定律

原子以不同比例结合形成不同的化合物

电子壳层

电子所在的位置，不同位置的能级不同

e⁻

电子

带负电荷的亚原子微粒，位于原子核外

原子结构

P⁺

质子

原子核内带正电荷的亚原子微粒

n

中子

原子核内的中性亚原子微粒

原子核

容纳质子和中子

阳离子

带正电荷的原子

离子与同位素

原子序数

原子内质子的数量

阴离子

带负电荷的原子

同位素

所含中子数不同的相同元素原子

门捷列夫与元素周期表

族

元素周期表中的列

周期

元素周期表中的行

第 3 章

核化学：颠覆世界的强大力量

两个原子核相互作用，或者原子核受到一个亚原子微粒的强烈影响（撞击），就会发生核变化。核化学是与核变化有关的科学。这个分支学科的研究涉及核子、核力与核反应，探索原子核中自然发生与人为引发的变化：不稳定的天然同位素中的核变化造就了放射性，而人工嬗变是通过用高速粒子撞击原子核来引发核变化的。

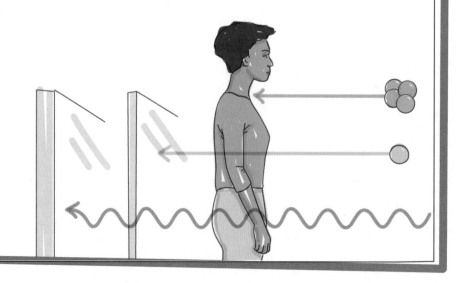

原子核

原子核占据原子体积的很小一部分，却为数量标志着一种同位素的特征的质子与中子提供了容身之所。带正电荷的质子之间的静电排斥有分裂原子核的倾向，而原子核始终完好无损，这是因为有一股强大的**核力**使质子与中子紧密结合在一起。原子核中的质子与中子之比对核力的强度有直接影响，决定了原子核处于稳定还是不稳定状态。

核力

核力是一种非常强的吸引力，作用于距离极近的亚原子微粒之间，比如质子和中子之间。原子中的核力能够克服质子之间的静电排斥，使原子核和原子能够保持完整而不被分裂。

核力是自然界最强的力。无论是质子还是中子，所有核子之间的核力都相等。

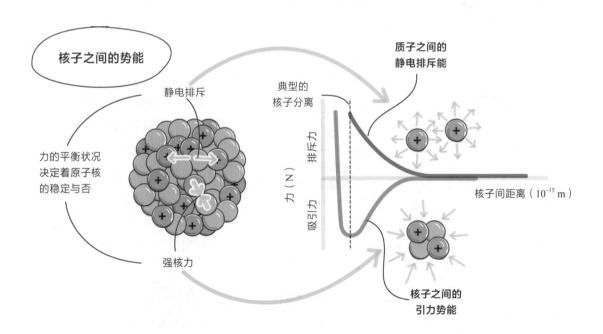

在核力的作用下，核子之间相互靠近至某个距离。引力势能让核子更加靠近。在核子分离平衡点，静电排斥开始占据主导地位，因而静电排斥力决定着原子核的大小。当粒子之间的距离不超过 1.0×10^{-15} m 时，核力是唯一存在的作用力。

核力使得电子能够在原子核外的空间里飘浮。正是因为核力的存在及其巨大的力量，我们才能利用核电站源源不断地产生电能。

核稳定性

原子核是否稳定取决于原子核内部作用力的平衡状况，与质子和中子的比例有关。

不稳定同位素具有放射性，被称为**放射性同位素**。

不稳定同位素会自发**衰变**，在形成更稳定的新原子的过程中发出**辐射**。

由放射性衰变反应生成的新原子通常会拥有不同的**质子中子比**，使自身更加稳定。

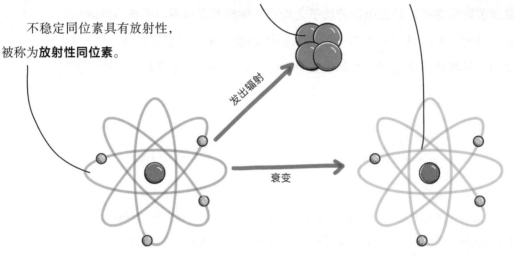

发出辐射

衰变

原子序数在 1 到 83 之间的元素有数千种天然同位素，其中仅有约 250 种为稳定同位素。这些稳定同位素构成了元素周期表的**"稳定带"**。

位于稳定带上方的原子，因原子核内的中子过多而不稳定。这类同位素会发生核衰变，放射出 β 粒子，使原子核趋于稳定。

位于稳定带下方的原子，因原子核内的质子较多而不稳定。这类同位素发生核衰变，放射出正电子或吸收电子，从而形成较为稳定的新原子。

所有原子序数大于 83 的同位素都是不稳定的，它们会发生放射性衰变，放射出 α 粒子，由此达到较为稳定的状态。

所有质子与中子数量相等的同位素都是稳定同位素。

稳定原子核与不稳定原子核

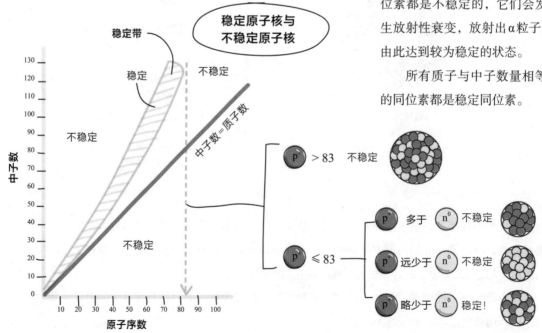

核结合能

核结合能（E_b）是指使原子核内质子与中子分离所需要的能量。稳定原子核的核结合能大，不稳定原子核的核结合能小。

原子核的质量总是小于组成原子核的所有质子与中子的质量之和，这种现象叫作**质量亏损**（Δm）。爱因斯坦质能方程 $E = mc^2$ 决定了，亏损的质量转化为结合能。该方程中包含了光速（$c = 2.998 \times 10^8$ m/s）。

质量亏损表示的是原子核损失的那部分转化为能量的质量，因而它是一个负值。

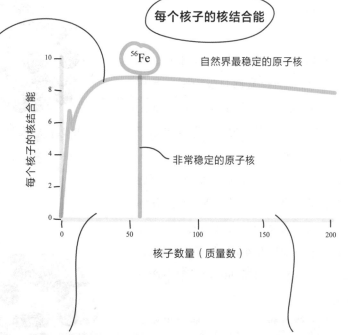

核质量较小

核结合能

$E_b = \Delta m \times c^2$

分裂后的核子质量之和更大

锂 − 7

7.016 005 amu

7.056 58 amu

$\Delta m = 7.016\ 005 - 7.056\ 58 = -0.040\ 575$ amu

核结合能取决于核子的数量，质量数小的原子核的核结合能更大。这是因为当原子质量数小时，质子之间的吸引力大于静电排斥力。

核结合能在质量数为 56 的铁元素（Fe）附近达到峰值，之后随质量数增加而逐渐减少，因为当原子质量数大时，质子之间的静电排斥力占主导地位。

铁原子核是自然界最稳定的原子核，因为在所有已知的同位素中，它的核结合能最大。正因如此，恒星核心的核爆炸终止时都会有铁生成。

每个核子的核结合能

^{56}Fe

自然界最稳定的原子核

非常稳定的原子核

每个核子的核结合能

核子数量（质量数）

对于质量数小于铁的同位素，由于其原子核中的吸引力更强，它们倾向于通过核聚变反应互相结合，释放出巨大的能量。

对于质量数大于铁的同位素，由于其原子核中质子之间的静电排斥力占绝对主导地位，它们倾向于发生核裂变反应，并释放出巨大的能量。

核变化

在核变化中，原子核内的质子和中子的数量会发生改变，这意味着会生成同种原子的新同位素，或者诞生一种新的元素。这种变化叫作**核嬗变**。核嬗变既可以通过**放射性衰变**自然发生，也可以在严格控制的条件下利用粒子对撞机人为引发。

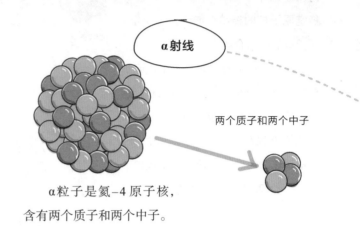

α粒子是氦-4原子核，含有两个质子和两个中子。

天然嬗变

天然嬗变，也被称为天然放射性，是不稳定的天然同位素的自发衰变。放射性同位素在衰变反应中发出α（阿尔法）、β（贝塔）和γ（伽马）射线，形成更稳定的新元素或新同位素。

我们每天都会接触到辐射。辐射可能来自我们吃的食物、呼吸的空气和居住的环境。有些辐射来源于自然环境（α、β和γ射线），有些则是人类活动所产生的辐射，比如在医学成像、诊断和治疗过程中产生的辐射。

我们会将食物摄入体内，所以天然辐射也会在人体内发生。这种辐射尤其危险，可能导致内脏器官的组织损伤。

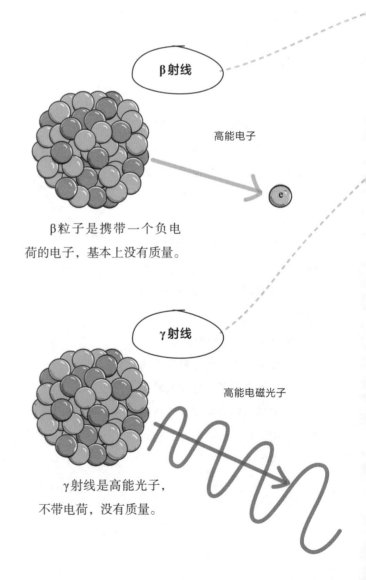

β粒子是携带一个负电荷的电子，基本上没有质量。

γ射线是高能光子，不带电荷，没有质量。

辐射是一种能量形式。γ射线是电磁能的最高能量形式，穿透力也最强。β射线的穿透力较弱。在放射性衰变发出的三种形式的辐射中，α粒子的穿透力最弱，而γ粒子和β粒子都能轻松穿透人体。

在美国，肺癌的第二大诱因就是天然同位素氡–222（Rn-222）的辐射，它来源于岩石和土壤。氡比空气重，因而也常存在于房屋的地下室。它能在几小时内分解为钋–218（Po-218）和α粒子。吸入被氡-222污染的空气会引发α粒子内照射，造成组织损伤，尤其会导致肺损伤。

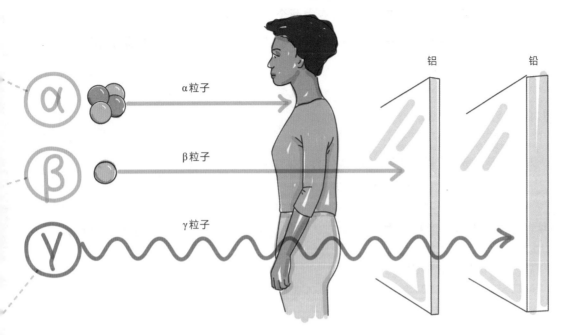

人工嬗变

人工嬗变是非自发的，需要用高能粒子轰击原子核来诱导发生，还要用到一些特殊设备，比如粒子加速器。1919年，欧内斯特·罗斯福首次成功实现人工嬗变。他使用α粒子轰击氮–14同位素，将后者转变为氧–17和氢–1同位素。

α粒子

氮原子核

不稳定的氟原子核

氢原子核

$^{1}_{1}H$

形成一种
新元素

$^{4}_{2}He$

$+$

$^{14}_{7}N$

$^{18}_{9}F$

氧原子核

$^{17}_{8}O$

高能碰撞

核方程

核方程是核反应的书面形式。在核反应中，母核会放出粒子（**衰变反应**）或吸收粒子（**俘获反应**），并转变为子核。在**聚变反应**中，两个质量较轻的母核对撞后融合生成质量较重的子核。在**裂变反应**中，一个较重的母核转变为两个或更多较轻的子核。裂变反应和聚变反应都伴随着核粒子和（或）γ粒子的放射。在一个核方程中，原子质量数与原子序数必须守恒。

辐射类型

在核反应中，母核通常会发射或俘获不同类型的离子与射线。

α粒子：从原子核中发射出的氦原子核		$_{2}^{4}\alpha = {_{2}^{4}}\mathrm{He}$
β粒子：从原子核中发射出的电子		$_{-1}^{0}\beta = {_{-1}^{0}}\mathrm{e}$
正电子：从原子核中发射出来		$_{+1}^{0}\beta = {_{+1}^{0}}\mathrm{e}$
质子：在特殊实验条件下从原子核中产生		$_{1}^{1}\mathrm{H} = {_{1}^{1}}\mathrm{p}$
中子：在核反应堆中产生		$_{0}^{1}\mathrm{n}$
γ粒子：从原子核中发射出的高能光子		$_{0}^{0}\gamma$

核反应

在**衰变反应**中，母核发射出粒子或射线后转变成子核。例如，在氡–222的α衰变反应中，母核发射出一个α粒子，并生成一个子核——钋–218。

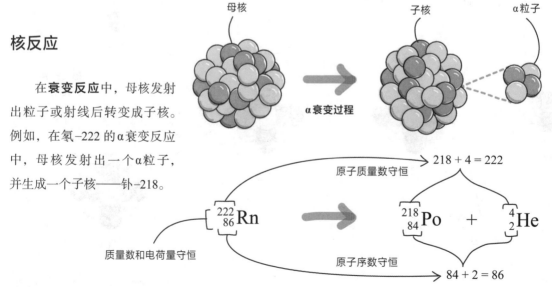

母核　　　子核　　　α粒子

α衰变过程

原子质量数守恒　　218 + 4 = 222

质量数和电荷量守恒

$_{86}^{222}\mathrm{Rn}$ → $_{84}^{218}\mathrm{Po}$ + $_{2}^{4}\mathrm{He}$

原子序数守恒　　84 + 2 = 86

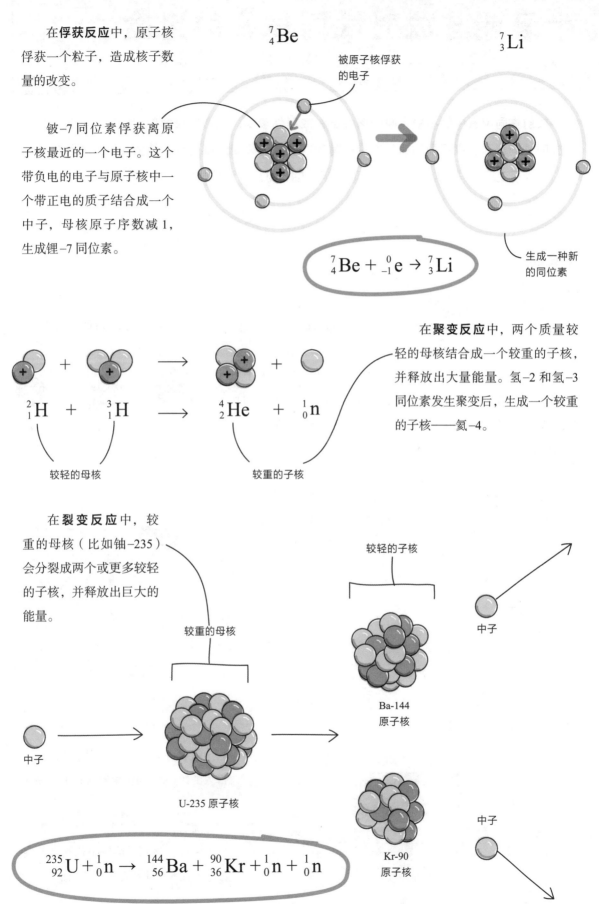

在**俘获反应**中，原子核俘获一个粒子，造成核子数量的改变。

^7_4Be

被原子核俘获的电子

^7_3Li

铍–7 同位素俘获离原子核最近的一个电子。这个带负电的电子与原子核中一个带正电的质子结合成一个中子，母核原子序数减 1，生成锂–7 同位素。

$$^7_4\text{Be} + ^{\ 0}_{-1}\text{e} \rightarrow ^7_3\text{Li}$$

生成一种新的同位素

在**聚变反应**中，两个质量较轻的母核结合成一个较重的子核，并释放出大量能量。氢–2 和氢–3 同位素发生聚变后，生成一个较重的子核——氦–4。

$$^2_1\text{H} + ^3_1\text{H} \longrightarrow ^4_2\text{He} + ^1_0\text{n}$$

较轻的母核

较重的子核

在**裂变反应**中，较重的母核（比如铀–235）会分裂成两个或更多较轻的子核，并释放出巨大的能量。

较轻的子核

较重的母核

中子

Ba-144
原子核

中子

U-235 原子核

Kr-90
原子核

中子

$$^{235}_{92}\text{U} + ^1_0\text{n} \rightarrow ^{144}_{56}\text{Ba} + ^{90}_{36}\text{Kr} + ^1_0\text{n} + ^1_0\text{n}$$

半衰期与放射性同位素的用途

放射性同位素中的不稳定原子核会发生放射性衰变，以形成较为稳定的原子。不同的放射性同位素会以不同的速度衰变，有的同位素的衰变速度更快。放射性同位素样本量的一半衰变成子同位素所需的时间叫作**半衰期**，可用于评估放射性或核稳定性。

半衰期

天然同位素在固定的时间间隔内自发衰变为较稳定的形式，在此过程中，放射性样本中有一定比例的量发生衰变。这一时间间隔被表示成半衰期，即样本量的一半发生衰变所需要的时间。例如，碘–131发射出1个电子后衰变成氙–131，这个核衰变反应的半衰期为8天。

假设起始样本量为20毫克（mg）的碘–131。8天，也就是一个半衰期之后，最初的碘–131样本只剩下10毫克，另一半则转变成氙–131。每过一个半衰期，剩下的碘–131样本量都会损失一半。

碘–131可用于治疗甲状腺癌。碘–131的半衰期很短，不会在人体内停留过长时间，所以非常适用于医疗。

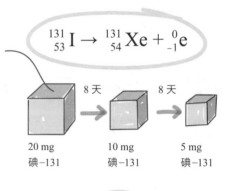

$$^{131}_{53}I \rightarrow {}^{131}_{54}Xe + {}^{0}_{-1}e$$

20 mg
碘–131

10 mg
碘–131

5 mg
碘–131

甲状腺

患者摄入预定量的碘–131同位素。

碘–131通过消化壁被吸收到血液中。

甲状腺负责生产人体所需的碘，摄入的碘–131同位素容易在甲状腺处积聚。

随后，碘–131同位素发出辐射并发生衰变，该辐射能够杀死周围的癌细胞，而对健康细胞的损害极小。

半衰期的个数

碘元素的量

时间（天）

一些放射性同位素中半数的不稳定原子核发生衰变的时间可能短于 1 秒，另一些同位素则可能要花数年之久。例如，砹–213 的半衰期仅为千万分之一秒，而铀–238 的半衰期长达 45 亿年。放射性同位素的半衰期是影响其技术应用前景的主要因素。

放射性同位素	半衰期	应用
锝–99	6 小时	脑部、肝脏、肺部、肾脏成像
铁–59	45 天	检测贫血
碘–131	8 天	甲状腺治疗
钴–60	5.3 年	癌症放射治疗
铀–235	7.04×10^8 年	核反应堆
碳–14	5 730 年	考古测年
铯–137	30 年	癌症治疗

核医学

半衰期短的放射性同位素可用于医疗诊断和治疗。诊断性的医学成像需要使用相对低剂量的放射性同位素，它们被称为**示踪剂**。而应用**放射疗法**治疗癌变组织时，会使用更强的外部辐射源。

正电子发射体层仪（PET） 利用氟–18 作为示踪剂来诊断脑癌。示踪剂被注射到患者体内，在脑部积聚，并发射正电子（一种反粒子，电子的反物质），正电子与脑组织发出的γ射线中的电子结合。

发出的γ射线会被探测到，并用于医学成像，根据组织的活跃性显示出正常组织和癌变组织分别所在的区域。

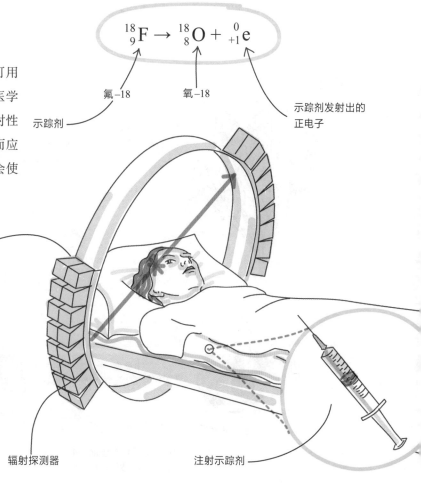

$$^{18}_{9}\text{F} \rightarrow {}^{18}_{8}\text{O} + {}^{0}_{+1}\text{e}$$

氟–18 — 示踪剂

氧–18

示踪剂发射出的正电子

辐射探测器

注射示踪剂

同位素测年

知道了许多天然放射性同位素的半衰期之后，考古研究使用的年代测定技术也就比较简单易懂了，这项技术利用同位素的放射性来确定岩石、矿物、植物及其他各种化石的年代。

科学家经常用碳–14 定年法来确定古生物化石的年代。宇宙射线里的中子与大气中的氮–14 同位素碰撞生成碳–14，碳–14 随后以二氧化碳的形式被植物吸收。

宇宙射线

中子

动物与人类通过食用植物吸收碳–14。生物死后，体内的碳–14 不再积累，而死亡组织里已有的碳–14 开始衰变，变回氮–14。因而，检测古生物化石里的碳氮比，就能够确定它们的年代。

氮–14

俘获中子

碳–14

质子

植物通过光合作用吸收二氧化碳，同时吸收碳–14

动物和人类通过食用植物吸收碳–14

碳–14

β衰变

氮–14

根据古生物化石中碳–14 和氮–14 的比率，能够确定其年代

核能发电

核电站使用铀-235同位素裂变反应释放的能量，将水加热成蒸汽。蒸汽驱动涡轮机，将热能转化为机械能，机械能随后通过发电机转化为电能。

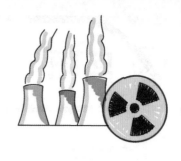

新生成的中子撞击反应堆里更多的铀-235，生成更多的中子和子核。这个**链式反应**速率呈指数增长，不断地释放能量。

中子轰击铀-235，引发裂变反应，生成两个或三个中子及较小的子核。

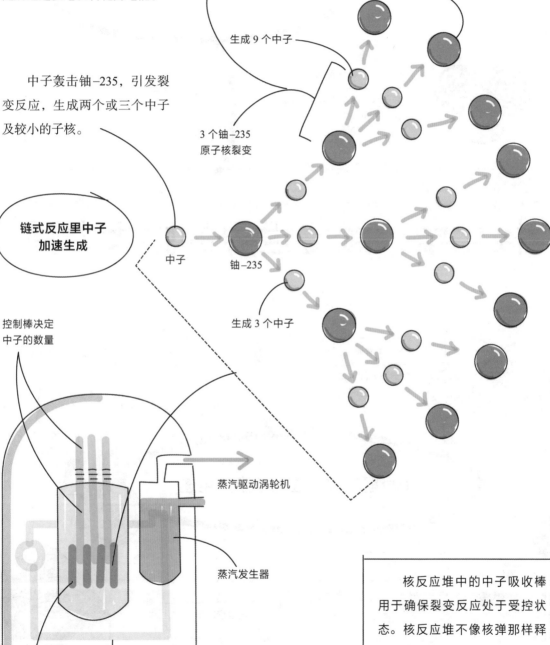

链式反应里中子加速生成

9个铀-235原子核裂变

生成9个中子

3个铀-235原子核裂变

中子

铀-235

生成3个中子

控制棒决定中子的数量

蒸汽驱动涡轮机

蒸汽发生器

燃料棒中含有铀-235

加压水回路

核反应堆中的中子吸收棒用于确保裂变反应处于受控状态。核反应堆不像核弹那样释放巨大的能量，前者释放的能量更少也更稳定。

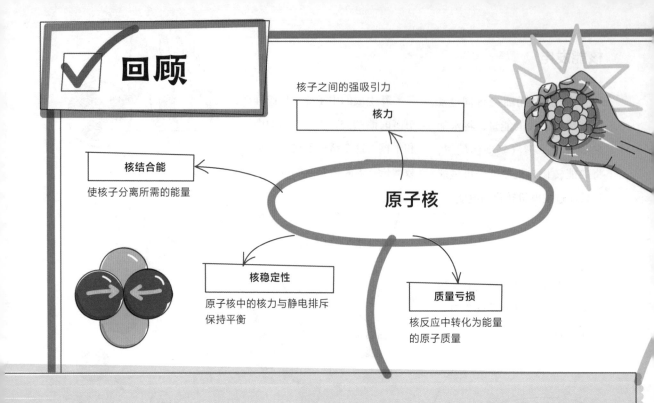

核子之间的强吸引力

核力

核结合能

使核子分离所需的能量

原子核

核稳定性

原子核中的核力与静电排斥保持平衡

质量亏损

核反应中转化为能量的原子质量

核化学：颠覆世界的强大力量

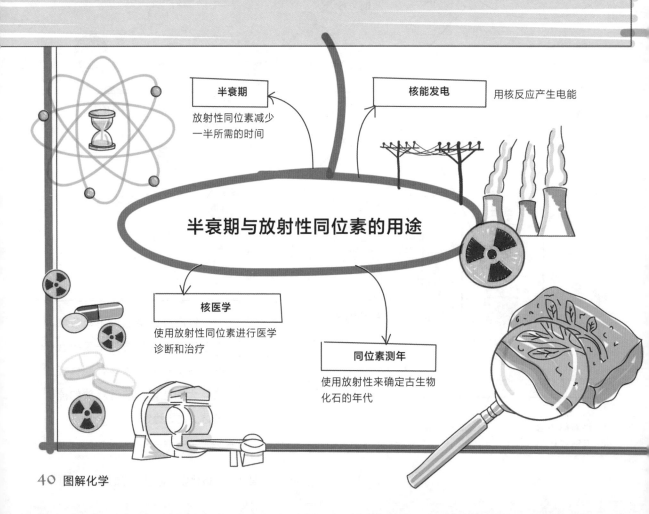

半衰期

放射性同位素减少一半所需的时间

核能发电

用核反应产生电能

半衰期与放射性同位素的用途

核医学

使用放射性同位素进行医学诊断和治疗

同位素测年

使用放射性来确定古生物化石的年代

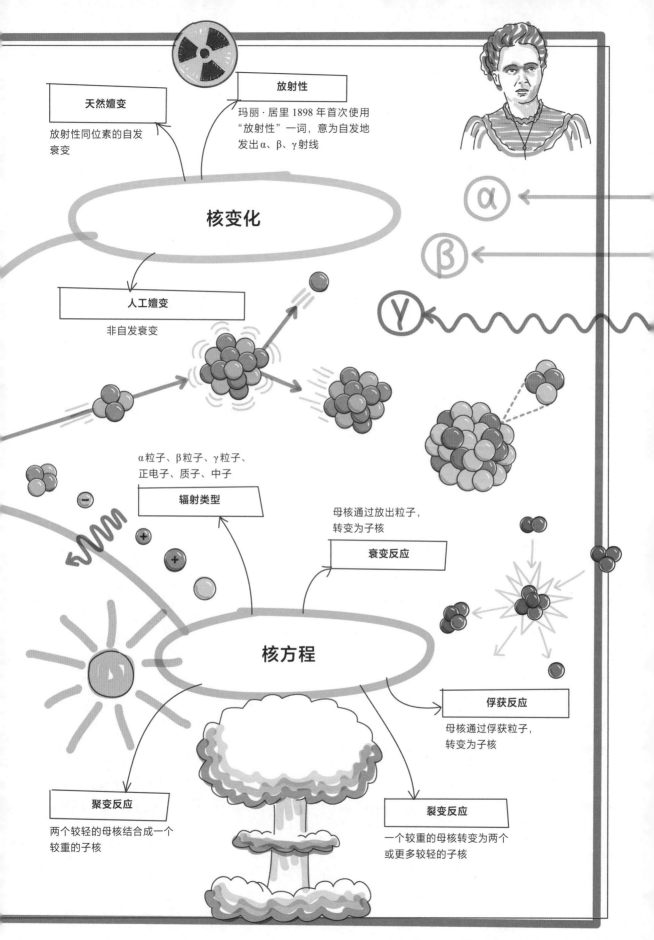

放射性

玛丽·居里 1898 年首次使用"放射性"一词，意为自发地发出 α、β、γ 射线

天然嬗变

放射性同位素的自发衰变

核变化

人工嬗变

非自发衰变

α粒子、β粒子、γ粒子、正电子、质子、中子

辐射类型

母核通过放出粒子，转变为子核

衰变反应

核方程

俘获反应

母核通过俘获粒子，转变为子核

聚变反应

两个较轻的母核结合成一个较重的子核

裂变反应

一个较重的母核转变为两个或更多较轻的子核

原子中的电子: 小不点的排兵布阵

理解原子中电子的行为是解释化学键的关键。电子在原子核外有序排列，而非随机分布。电子均带有相同的负电荷，有着相同的质量和体积，但因为与原子核的远近关系而拥有不同的能量。能量低的电子离原子核近，对带正电的质子的吸引力更强。电子以粒子的形态绕原子核运动，却呈现出波的性质。电子的波粒二象性是我们理解化学键和化学反应的关键。

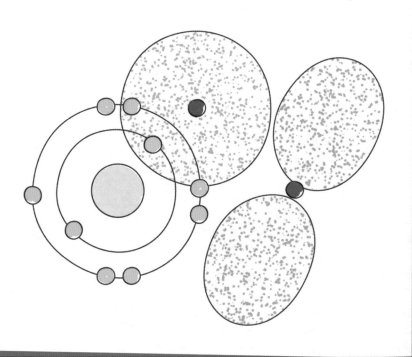

电磁辐射：光

电磁辐射是一种能量，以无质量"粒子"波的形式在空间中传播，这种粒子被称为**光子**。电磁辐射有各种各样的形态，比如燃烧的火焰、太阳光、医生使用的X射线、微波炉中用于加热食物的能量等。不同类型的光子携带不同的能量。人类肉眼仅能观察到极少一部分电磁辐射，我们称之为**可见光**或**可见光谱**。

电磁辐射中的光子以波的形式和恒定的速度在空间中传播。这种波可以用**能量**（E）、**波长**（λ）和**频率**（v）来描述，其中频率指每秒钟的周期性变化次数，它的单位是赫兹（Hz）。这三个量之间存在数学关联。

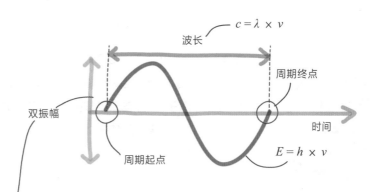

波的**双振幅**（波高）[①]与光的亮度或强度有关：双振幅越大，光的亮度越高。每秒钟传播的周期数增加，则频率增加。高频率的光携带的能量更大。当波长增大时，频率（及光能）减少。

红外线到紫外线这段狭窄范围内的光（包含可见光），在适量的前提下对人类是安全的，因为它们的能量很低，不会造成伤害。

下图中在紫外线右侧的辐射，其光子携带的高频能量会造成组织损伤。这个范围内的光叫作**电离辐射**，因其能够使生物组织中原子和分子中的电子成为自由态，引发电离现象。而在红外线左侧的辐射是非电离辐射，其光子携带的能量不足以对生物组织造成伤害。

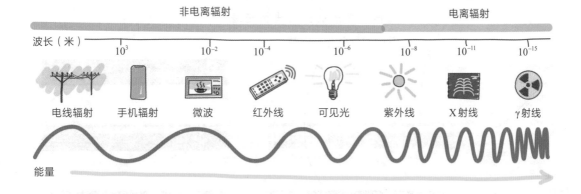

---

① 双振幅：又称峰至峰振幅，也称波高，指相邻的波峰与波谷间的垂直距离。物理学中常用的振幅指偏离平衡位置的最大距离，数值是它的一半。——编者注

电子排布：玻尔模型

在 18 至 19 世纪，化学家进行了焰色试验，通过燃烧各种化合物并观察它们发出的光的颜色，来确认化合物所含元素。为什么每种元素会产生不同的特征颜色？随着原子结构的发现，科学家得以对这种现象做出合理的解释。焰色试验中的热能不足以引起原子核的变化，这意味着观察到的颜色一定是原子核外电子发生的变化。

1913 年，尼尔斯·玻尔提出了他的电子理论，为量子模型奠定了基础。他解释称，电子仅被允许拥有一定的能量，可称之为"量子"，并在原子核外距离不同的离散轨道上排布。尽管玻尔模型只适用于氢原子，却为随后出现的更准确的电子模型提供了关键信息。

连续光谱与线状光谱

当白炽灯发出的白光通过三棱镜时，会出现一条由红变化到紫的彩虹色带。其中每种颜色都无缝衔接，从红色到紫色，各色光之间没有明确的界线，这条色带被称为**连续光谱**。

当焰色试验发出的光或一个充满气态元素的电灯泡发出的光通过三棱镜时，产生的现象则完全不同。这时出现的不是连续光谱，而是几条有明显间隔的彩色亮线，每条中间都有一段暗区。这样的光谱被称为**线状光谱**，其中的颜色并不完整。

焰色试验中每种元素都会呈现出不同的颜色，因此每种元素都拥有各自独特的线状光谱，可用于元素鉴别。

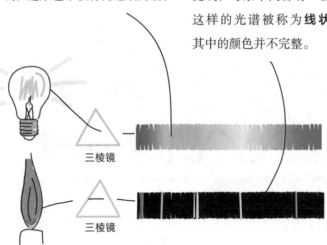

三棱镜

三棱镜

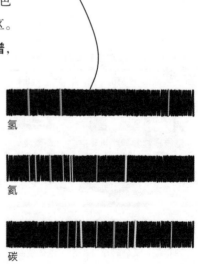

氢

氦

碳

玻尔模型

为解释不同元素的线状光谱，玻尔提出了自己的原子模型。根据玻尔模型，电子位于原子核外不同距离的圆形轨道上。这些轨道按**主量子数**n标序。离原子核最近的第一条轨道的n为1，能量最低。轨道与原子核的距离增加时，能量增加，n的值也增大。

因为受到带正电荷的原子核的静电吸引，电子倾向于靠近原子核。当电子占据最低能量轨道时，原子处于**基态**。

激发态电子是不稳定的。当电子回到基态时，会发射出一个具有特定波长、频率和能量的光子。

焰色试验中的热或电灯泡中的电，都会激发基态电子，使其向能量更高的轨道跃迁。而电子将跃迁到哪一个轨道取决于它吸收的外部能量有多少，此时原子也处于**激发态**。

电子处于激发态

电子吸收光子，能级增加

$n = 3$

$n = 2$

$n = 1$

能量增加

原子核

$\Delta E = E_3 - E_1$

电子发射出光子，能级降低

$$E_n = -2.178 \times 10^{-18}\,\text{J} \times \left(\frac{1}{n^2}\right)$$

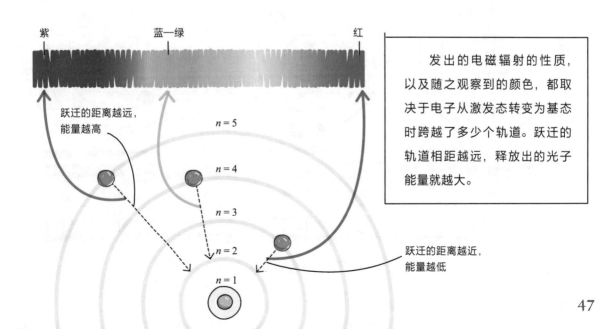

紫　　　　　蓝一绿　　　　　红

跃迁的距离越远，能量越高

$n = 5$

$n = 4$

$n = 3$

$n = 2$

$n = 1$

跃迁的距离越近，能量越低

发出的电磁辐射的性质，以及随之观察到的颜色，都取决于电子从激发态转变为基态时跨越了多少个轨道。跃迁的轨道相距越远，释放出的光子能量就越大。

电子壳层分布

每条轨道能够容纳的电子数量随主量子数的增加而增加。玻尔将每个壳层能够容纳的最大电子数量描述为 $2n^2$。

原子的电子数与原子序数相等，也与原子核中的质子数相等。在玻尔模型中，原子中的所有电子均分布在能量轨道上。

主量子数 n 对应着原子在元素周期表中的周期数（位于从上往下数第 n 横行）。锂和氟的电子都分布在两个轨道上，因此它们都位于第二周期。

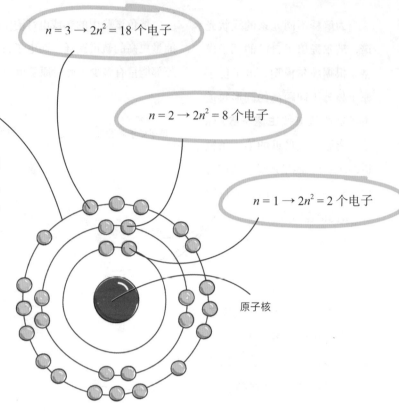

$n = 3 \rightarrow 2n^2 = 18$ 个电子

$n = 2 \rightarrow 2n^2 = 8$ 个电子

$n = 1 \rightarrow 2n^2 = 2$ 个电子

原子核

铝的电子占据了三个轨道，所以它位于第三周期。

元素周期表的第二行

元素周期表的第三行

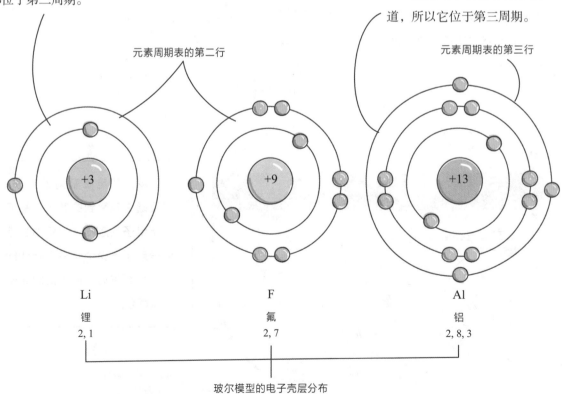

Li
锂
2, 1

F
氟
2, 7

Al
铝
2, 8, 3

玻尔模型的电子壳层分布

电子排布：量子模型

尽管玻尔模型能够很好地解释有一个电子的氢原子的线状光谱，但不适用于有多个电子的元素原子的复杂光谱。此后，更加精巧、准确的**量子模型**出现了。在这个模型中，原子本质上是一张概率图，电子既是粒子也是波。电子并非分布在圆形轨道上，而是位于**轨函**，它们呈概率性分布，并且没有固定的位置。根据电子数量的不同，原子拥有不同数量和形状的轨函，这些轨函的能量、形状和其他性质可以用**量子数**来表示。

轨函

轨函是原子核周围的三维概率性区域，显示了电子可能存在的位置。元素周期表描述了 4 种轨函类型（s，p，d 和 f），但电子存在于哪个轨函取决于原子中的电子数量。

如果我们能用相机拍摄到围绕原子核迅速移动的电子，就能得到一张显示电子曾经所处位置的照片。当已知这些位置中的90%时，我们就能得出轨函的形状。

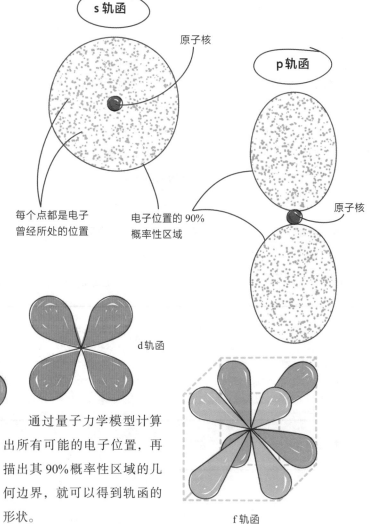

s 轨函

原子核

p 轨函

每个点都是电子曾经所处的位置

电子位置的90%概率性区域

原子核

d轨函

p轨函

s轨函

通过量子力学模型计算出所有可能的电子位置，再描出其90%概率性区域的几何边界，就可以得到轨函的形状。

f轨函

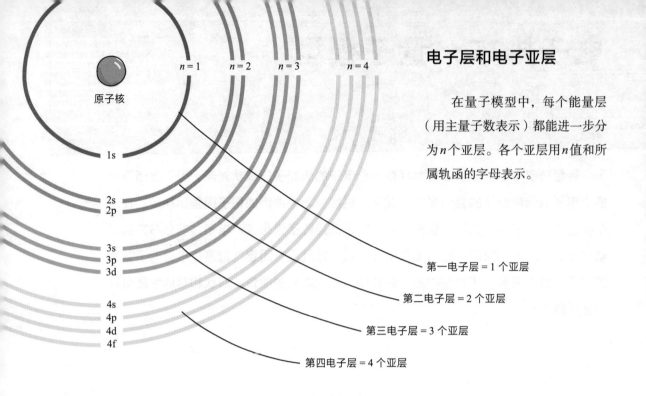

电子层和电子亚层

在量子模型中，每个能量层（用主量子数表示）都能进一步分为 n 个亚层。各个亚层用 n 值和所属轨函的字母表示。

$n = 1$　$n = 2$　$n = 3$　$n = 4$

原子核

1s

2s
2p

3s
3p
3d

4s
4p
4d
4f

第一电子层 = 1 个亚层

第二电子层 = 2 个亚层

第三电子层 = 3 个亚层

第四电子层 = 4 个亚层

量子数

量子数是一系列用于描述原子中的电子及其所在特定轨函的数字。一个电子可用 4 个量子数进行描述。

前三个量子数用于确定电子在原子核外电子层、电子亚层和轨函中的位置，类似于 x、y、z 坐标可以表示空间中某个物体的位置。

轨函中的电子如同一个带负电荷的小球绕轴旋转。电子的自旋产生了微弱的磁场，这样一来，就有了第四个量子数：**自旋量子数**（m_s）。

名称	符号	值	意义
主量子数	n	$1, 2, 3, 4, \cdots$	能量的大小和电子层的数量
角量子数	l	$0, 1, 2, \cdots, n-1$	电子亚层的能量和轨函的形状 $l = 0$ 为 s 亚层 $l = 1$ 为 p 亚层 $l = 2$ 为 d 亚层 $l = 3$ 为 f 亚层
磁量子数	m_l	$-l, \cdots, 0, \cdots, +l$	轨函的取向
自旋量子数	m_s	$+1/2, -1/2$	电子自旋方向

自旋量子数只有两个可能的值——+1/2 或 −1/2，象征着电子的两个不同的旋转方向。

就每一个主量子数而言，量子数决定了电子亚层、轨函和电子的数量。

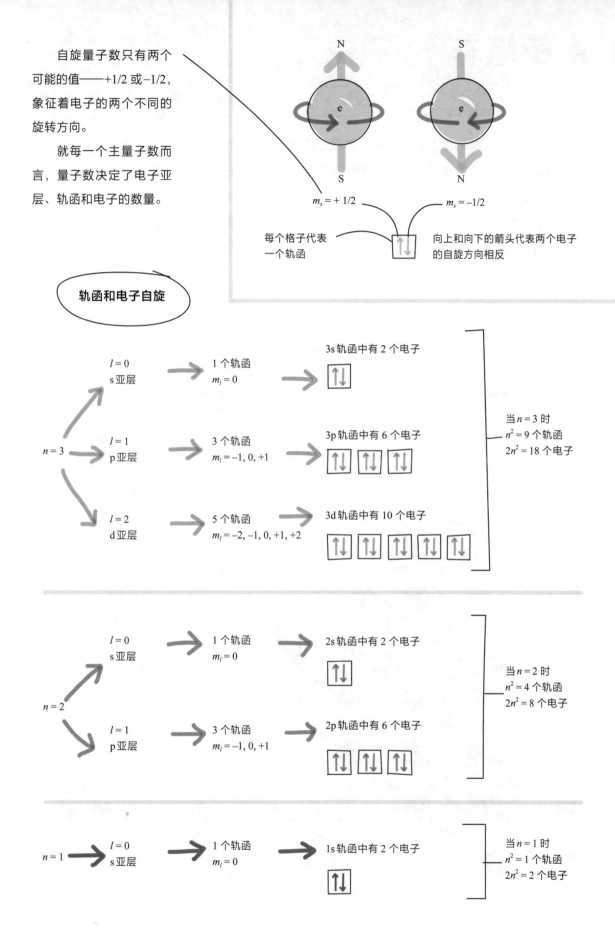

轨函和电子自旋

$m_s = +1/2$ $m_s = -1/2$

每个格子代表一个轨函   向上和向下的箭头代表两个电子的自旋方向相反

$n = 3$

$l = 0$ s亚层 → 1 个轨函 $m_l = 0$ → 3s轨函中有 2 个电子

$l = 1$ p亚层 → 3 个轨函 $m_l = -1, 0, +1$ → 3p轨函中有 6 个电子

$l = 2$ d亚层 → 5 个轨函 $m_l = -2, -1, 0, +1, +2$ → 3d轨函中有 10 个电子

当 $n = 3$ 时
$n^2 = 9$ 个轨函
$2n^2 = 18$ 个电子

$n = 2$

$l = 0$ s亚层 → 1 个轨函 $m_l = 0$ → 2s轨函中有 2 个电子

$l = 1$ p亚层 → 3 个轨函 $m_l = -1, 0, +1$ → 2p轨函中有 6 个电子

当 $n = 2$ 时
$n^2 = 4$ 个轨函
$2n^2 = 8$ 个电子

$n = 1$ → $l = 0$ s亚层 → 1 个轨函 $m_l = 0$ → 1s轨函中有 2 个电子

当 $n = 1$ 时
$n^2 = 1$ 个轨函
$2n^2 = 2$ 个电子

电子组态

原子中各电子在轨函上的分布被称为**电子组态**。1925 年，沃尔夫冈·泡利在量子模型的基础上发现了原子中电子排布的规则。由于电子与带正电荷的原子核之间的静电吸引，原子中的电子倾向于占据可用的最低能级。构建电子组态时，遵循玻尔模型轨道中的电子能量高低顺序，将电子排布到各个轨函中，这被称为**填充原理**。

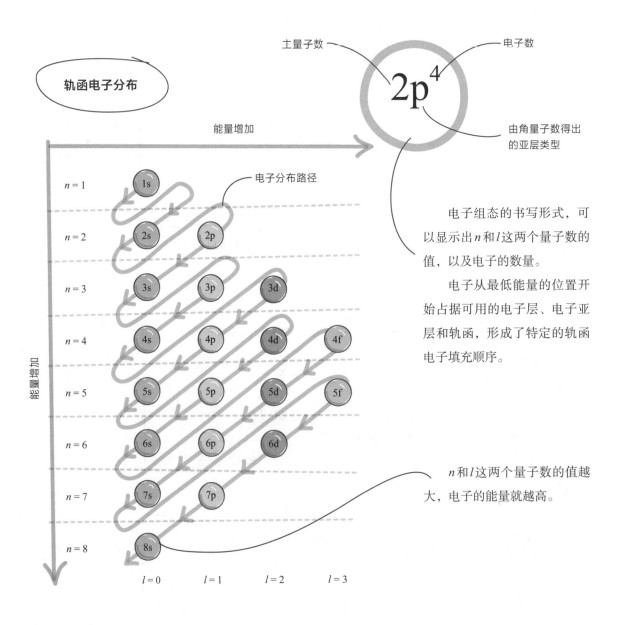

轨函电子分布

土量子数

电子数

$2p^4$

由角量子数得出的亚层类型

能量增加

$n = 1$　1s

电子分布路径

$n = 2$　2s　2p

$n = 3$　3s　3p　3d

$n = 4$　4s　4p　4d　4f

能量增加

$n = 5$　5s　5p　5d　5f

$n = 6$　6s　6p　6d

$n = 7$　7s　7p

$n = 8$　8s

$l = 0$　　$l = 1$　　$l = 2$　　$l = 3$

电子组态的书写形式，可以显示出 n 和 l 这两个量子数的值，以及电子的数量。

电子从最低能量的位置开始占据可用的电子层、电子亚层和轨函，形成了特定的轨函电子填充顺序。

n 和 l 这两个量子数的值越大，电子的能量就越高。

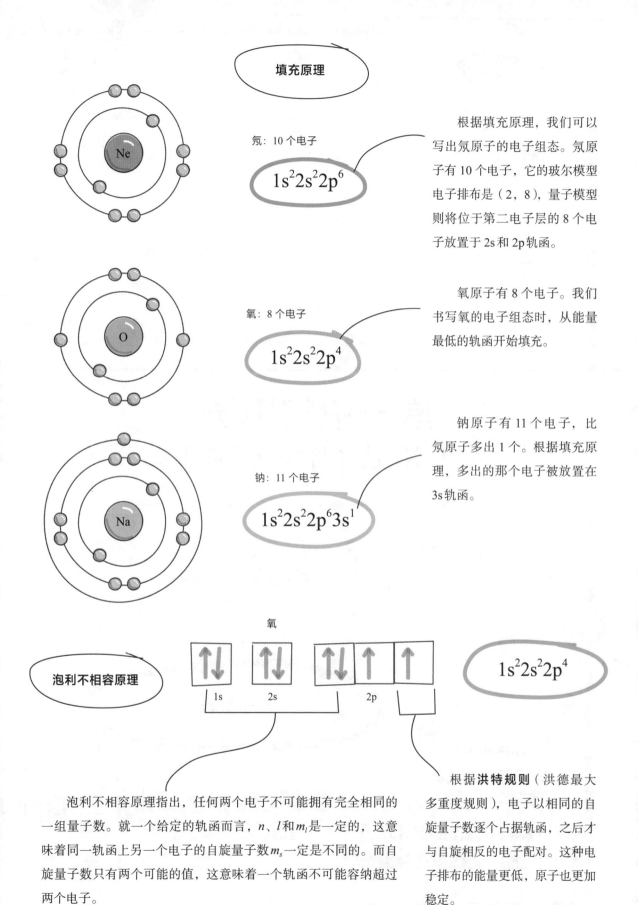

填充原理

氖：10 个电子

$$1s^2 2s^2 2p^6$$

根据填充原理，我们可以写出氖原子的电子组态。氖原子有 10 个电子，它的玻尔模型电子排布是（2，8），量子模型则将位于第二电子层的 8 个电子放置于 2s 和 2p 轨函。

氧：8 个电子

$$1s^2 2s^2 2p^4$$

氧原子有 8 个电子。我们书写氧的电子组态时，从能量最低的轨函开始填充。

钠：11 个电子

$$1s^2 2s^2 2p^6 3s^1$$

钠原子有 11 个电子，比氖原子多出 1 个。根据填充原理，多出的那个电子被放置在 3s 轨函。

氧

1s　2s　2p

$$1s^2 2s^2 2p^4$$

泡利不相容原理

泡利不相容原理指出，任何两个电子不可能拥有完全相同的一组量子数。就一个给定的轨函而言，n、l 和 m_l 是一定的，这意味着同一轨函上另一个电子的自旋量子数 m_s 一定是不同的。而自旋量子数只有两个可能的值，这意味着一个轨函不可能容纳超过两个电子。

根据**洪特规则**（洪德最大多重度规则），电子以相同的自旋量子数逐个占据轨函，之后才与自旋相反的电子配对。这种电子排布的能量更低，原子也更加稳定。

第 4 章　原子中的电子：小不点的排兵布阵　**53**

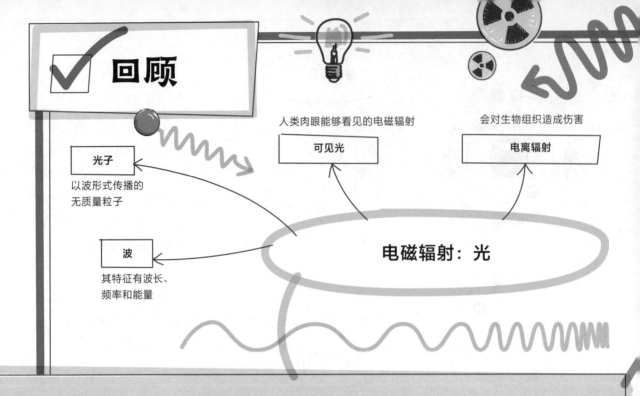

光子

以波形式传播的无质量粒子

波

其特征有波长、频率和能量

可见光

人类肉眼能够看见的电磁辐射

电离辐射

会对生物组织造成伤害

电磁辐射：光

原子中的电子：小不点的排兵布阵

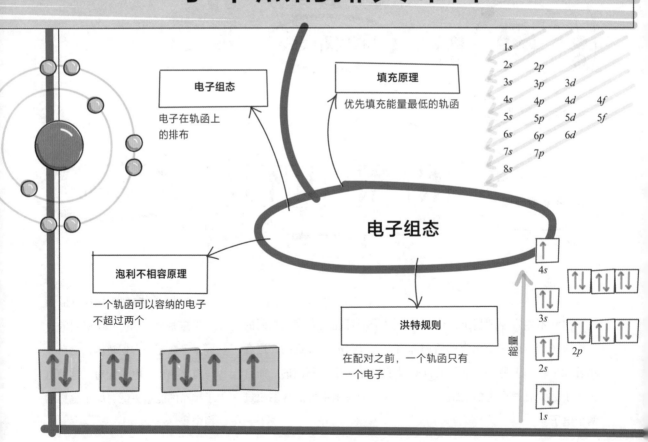

电子组态

电子在轨函上的排布

填充原理

优先填充能量最低的轨函

1s			
2s	2p		
3s	3p	3d	
4s	4p	4d	4f
5s	5p	5d	5f
6s	6p	6d	
7s	7p		
8s			

电子组态

泡利不相容原理

一个轨函可以容纳的电子不超过两个

洪特规则

在配对之前，一个轨函只有一个电子

能量

4s

3s

2s

1s

2p

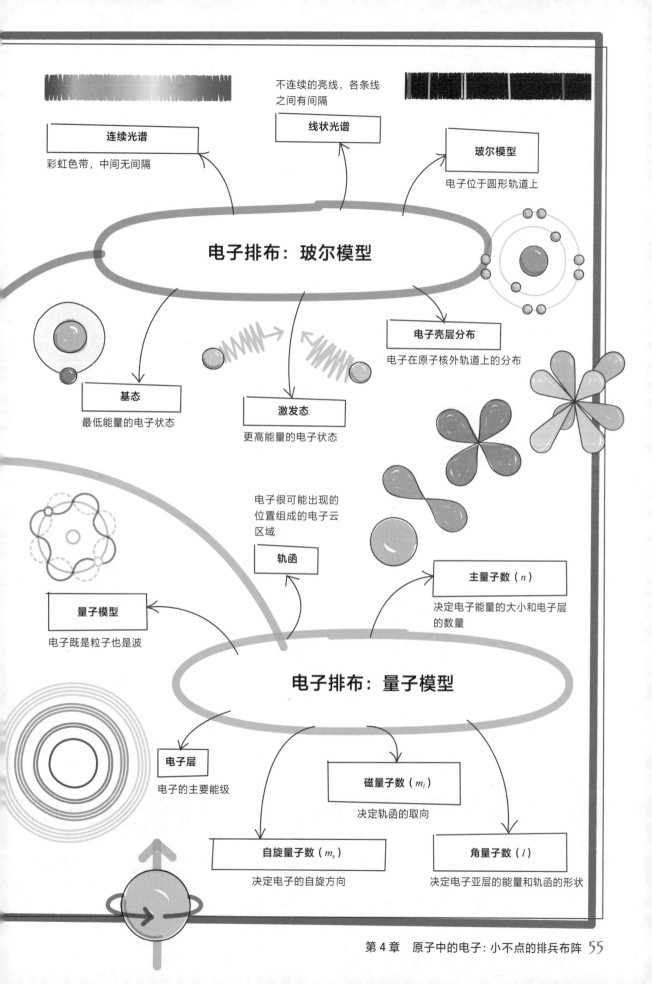

不连续的亮线，各条线
之间有间隔

线状光谱

连续光谱

彩虹色带，中间无间隔

玻尔模型

电子位于圆形轨道上

电子排布：玻尔模型

电子壳层分布

电子在原子核外轨道上的分布

基态

最低能量的电子状态

激发态

更高能量的电子状态

电子很可能出现的
位置组成的电子云
区域

轨函

主量子数（n）

决定电子能量的大小和电子层
的数量

量子模型

电子既是粒子也是波

电子排布：量子模型

电子层

电子的主要能级

磁量子数（m_l）

决定轨函的取向

自旋量子数（m_s）

决定电子的自旋方向

角量子数（l）

决定电子亚层的能量和轨函的形状

第 5 章

元素周期表：行行又列列

元素周期表根据原子序数对元素进行排列，所以我们能够迅速查找某种元素的性质，比如它的质量、电子数量、电子组态和它独特的化学性质。表中元素的化学性质呈周期性变化，"元素周期表"之名由此而来。所有已知元素被划入"族"和"周期"，这种分类与其电子组态密切相关：能发生相似化学反应的元素位于同一列（族）。根据元素周期表中的元素排布，元素的一般性质呈现出明显的变化趋势，科学家能够方便、高效地了解所有元素的预期化学性质。

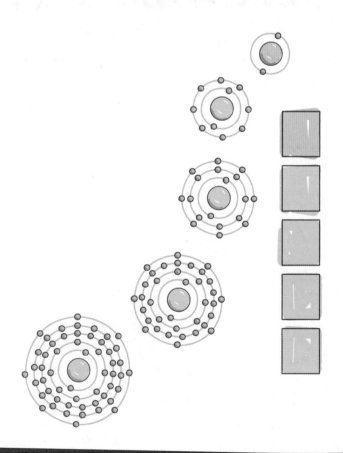

量子数与元素周期表

一种元素在元素周期表中的位置反映了其最后一个有电子填充的轨道的量子数。最外层有电子占据的电子层（对应主量子数的最大值或周期数）叫作**价电子层**，它与化学键的性质密切相关。基于各元素的不同电子组态，元素周期表又分为 4 个区域：s，p，d 和 f 区。s 区和 p 区元素的电子组态及化学性质是可预测的，被归类为**主族元素**；d 区元素被称为**过渡金属**；f 区元素被称为**内过渡金属**。

元素所在的周期取决于主量子数（n）。

元素所属的区域取决于角量子数（l）。

在 s，p，d 和 f 区中，分别有 2、6、10 和 14 个族，族数反映了 s，p，d 和 f 轨函可容纳的电子数。磁量子数和自旋量子数（m_l 和 m_s）则呈现在每个区域的方格内。

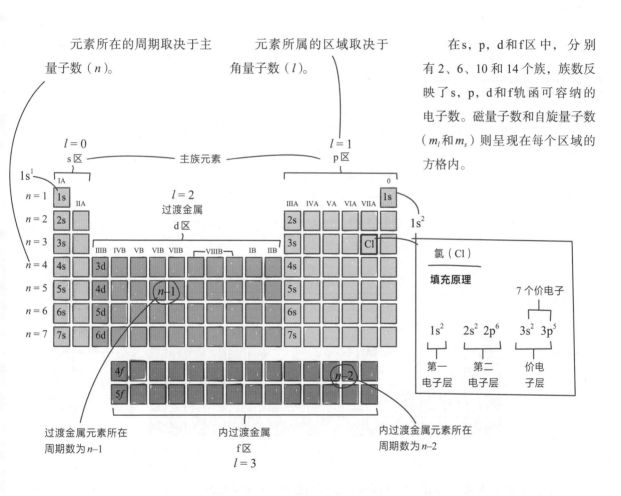

过渡金属元素所在周期数为 $n-1$

内过渡金属 f 区 $l=3$

内过渡金属元素所在周期数为 $n-2$

按照填充原理将电子填入所有轨函，直到达到所需的电子数量，由此可以得出元素在元素周期表中的位置。

氯（Cl）的原子序数是 17，有 17 个电子。氯元素位于第三周期（$n=3$），周期数与氯的电子组态中的价电子层相对应。

氯的价电子层包含 7 个电子（**价电子**），因而氯位于元素周期表的 VII A 族——第七主族。

稳定电子组态

在 19 世纪，化学家根据各种元素与其他元素的化学键合方式，对所有已知元素进行了整理。他们观察到，有一族被称为**惰性气体**（位于元素周期表的 0 族）的特别元素在自然界以单质形式存在。这意味着它们几乎不与其他元素发生反应，也就是说，这些元素具有化学惰性，化学性质十分稳定。化学反应活性与电子组态有直接关联，因此惰性气体的电子组态非常稳定。随后人们发现，除氦之外，所有惰性气体原子的最外层都有 8 个价电子（氦有 2 个价电子）。

元素周期表中的电子组态

因为惰性气体元素的化学性质十分稳定，其他所有元素都试图效仿惰性气体的电子组态。它们或者像氦一样，最外层有 2 个价电子（**电子对规则**），或者像其他惰性气体一样，最外层有 8 个价电子（**八隅体规则**）。

在元素周期表中，每个周期的结尾都是一种惰性气体元素，它们的可用轨函全部被电子填满。惰性气体的这种**闭壳层**电子组态用方括号和元素符号的形式来表示。

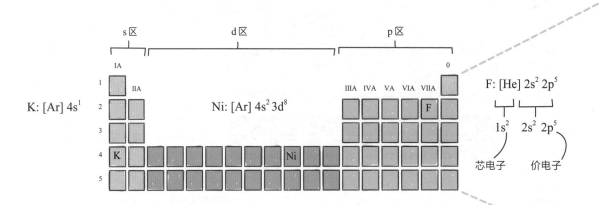

根据元素在元素周期表中的位置，我们可以很容易地写出其电子组态。

例如，氟（F）的**完整电子组态**是这样的：从 1s 轨函（氢元素所在的第一个方格）开始填充每一个轨函，直到全部轨函共计填充了 9 个电子（元素周期表中氟所在的方格位置），即可得到氟的电子排布。

氟位于元素周期表的第二周期，第一周期以氦结尾。因此在氟的**简化电子组态**中，用 [He] 来表示氟的芯电子。

一个原子或离子的价电子层全部被填满，就意味着它具有**稳定电子组态**。惰性气体元素具有稳定的电子组态，而其他元素都倾向于得到或失去电子，以达到稳定的电子组态。

有 11 个电子的钠原子失去 1 个电子后变成**阳离子**，电子组态与氖（含 10 个电子）相同。

获得拥有 8 个电子的完整价电子层：八隅体规则

失去 1 个电子

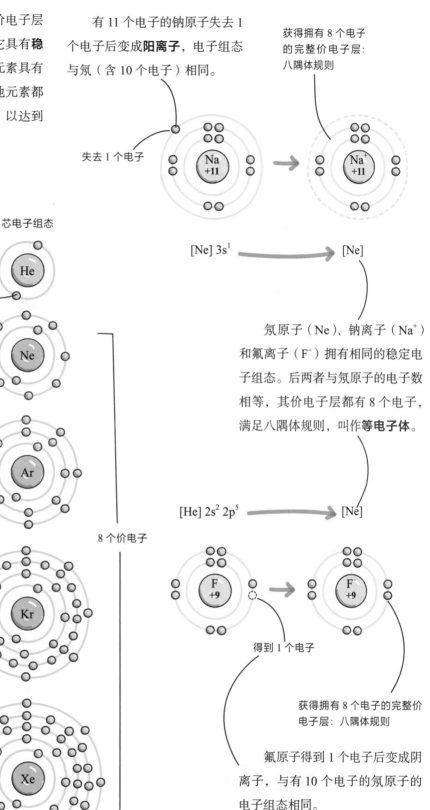

芯电子组态

2 个价电子

8 个价电子

$[Ne]\ 3s^1$ → $[Ne]$

氖原子（Ne）、钠离子（Na^+）和氟离子（F^-）拥有相同的稳定电子组态。后两者与氖原子的电子数相等，其价电子层都有 8 个电子，满足八隅体规则，叫作**等电子体**。

$[He]\ 2s^2\ 2p^5$ → $[Ne]$

得到 1 个电子

获得拥有 8 个电子的完整价电子层：八隅体规则

氟原子得到 1 个电子后变成阴离子，与有 10 个电子的氖原子的电子组态相同。

对于主族元素，它们的族数等于价电子数。这样我们可以很容易地算出，要达到稳定的八隅体结构需要得到或失去多少个电子。

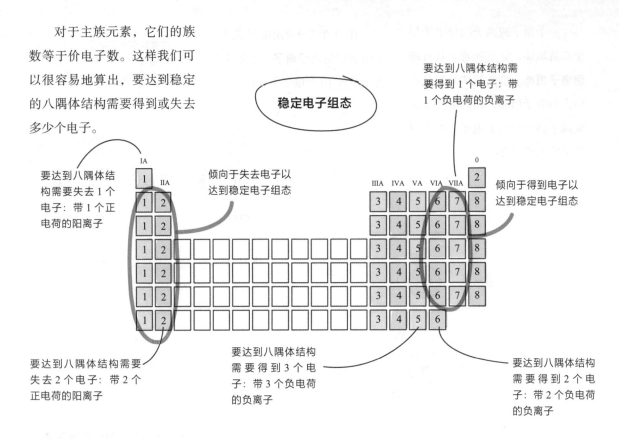

稳定电子组态

要达到八隅体结构需要失去 1 个电子：带 1 个正电荷的阳离子

倾向于失去电子以达到稳定电子组态

要达到八隅体结构需要得到 1 个电子：带 1 个负电荷的负离子

倾向于得到电子以达到稳定电子组态

要达到八隅体结构需要失去 2 个电子：带 2 个正电荷的阳离子

要达到八隅体结构需要得到 3 个电子：带 3 个负电荷的负离子

要达到八隅体结构需要得到 2 个电子：带 2 个负电荷的负离子

离子的电子组态书写

原子得到或失去电子后变成离子，获得类似惰性气体的稳定电子组态。书写离子的电子组态时，需要在最高能级的价电子层添加或移去电子。因此，只有价电子参与了离子的形成过程。

书写**阳离子**的电子组态时，需要从价电子层中**移走**电子。

As^{3+}
30 个电子
$1s^2 \ 2s^2 \ 2p^6 \ 3s^2 \ 3p^6 \ 4s^2 \ 3d^{10}$
所有轨函填满

失去 3 个电子

失去 3 个价电子

$[Ar] \ 4s^2 \ 3d^{10}$

As
33 个电子
$1s^2 \ 2s^2 \ 2p^6 \ 3s^2 \ 3p^6 \ 4s^2 \ 3d^{10} \ (4p^3)$
轨函被部分填充

得到 3 个价电子

$[Ar] \ 4s^2 \ 3d^{10} \ (4p^3)$

As^{3-}
36 个电子
$1s^2 \ 2s^2 \ 2p^6 \ 3s^2 \ 3p^6 \ 4s^2 \ 3d^{10} \ (4p^6)$
所有轨函填满

得到 3 个电子

$[Kr]$

书写**阴离子**的电子组态时，需要往价电子层中**添加**电子。

元素的周期性分类

由于价电子与观察到的化学性质有关，拥有相似化学性质的元素都位于元素周期表的同一族。原子倾向于失去、得到或共用电子，以达到稳定的电子组态。因此，相比元素周期表中位置远离惰性气体的元素，离惰性气体更近的元素活性也更强。根据这种化学性质上的周期性规律，我们可将元素分成**金属**、**非金属**和**半金属**。

金属	半金属	非金属
• 倾向于形成正离子	• 可能得到电子，也可能失去电子	• 倾向于形成负离子（惰性气体除外）
• 有光泽	• 性质介于金属与非金属之间	• 无光泽
• 有延展性	• 部分有光泽，部分无光泽	• 易碎
• 有可塑性	• 部分有延展性，部分无延展性	• 无延展性
• 良好的导热性、导电性	• 部分有可塑性，部分无可塑性	• 无可塑性
• 室温下大多为固态	• 大多为半导体	• 导热性和导电性差
• 密度高		• 室温下可为固态、液态或气态

ⅠA族的**碱金属**靠近惰性气体，是最活泼的金属。碱金属通常质地柔软、有光泽，储存时需要进行特殊处理。迄今为止，自然界从未发现单质形式的碱金属。

碱土金属不如碱金属活泼，但活性仍然高于大多数金属。碱土金属通常质地较为坚硬，呈亮白色，在自然界常与其他元素结合并以化合物形式存在。

卤族元素（ⅦA族元素，简称**卤素**）靠近惰性气体，是高活性的非金属。含有卤族元素的化合物被称为"卤化物"。

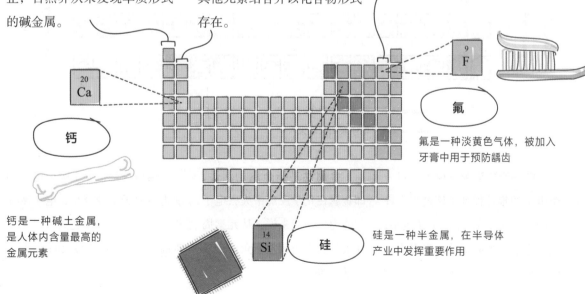

钙是一种碱土金属，是人体内含量最高的金属元素

硅是一种半金属，在半导体产业中发挥重要作用

氟是一种淡黄色气体，被加入牙膏中用于预防龋齿

元素周期律

根据在元素周期表中的位置，我们可以预测元素的不同特性，这就是**元素周期律**。其中**原子半径、电离能、电子亲和势、电负性**和**金属性**等特征的变化趋势极具价值，能帮助化学家快速推断元素的性质。元素周期表中之所以存在这些可预测的规律，是因为原子结构相似的元素基于电子组态，被划分到了相应的族与周期中。

在同一族中，从上到下，**原子半径**逐渐增大，因为填满或部分填充的电子层逐渐增多。

在同一周期中，从左到右原子半径逐渐变小。这是因为电子层数没有增加，但原子核中增加的正电荷使其吸引力增大，导致电子更加靠近原子核，原子半径变小。

电离能是从气态的中性原子中夺走一个电子所需要的能量。较大的原子中价电子距离原子核更远，被夺走所需的能量也更少。原子半径越小，电离能越高。

元素性质的周期性变化

→ 电离能增加
→ 电负性增大

原子半径增大
电子亲和势增大

金属性增强

电负性增大
电离能增加

	1	2	3	4	5	6	7	8	9	10	11	12	13	14	15	16	17	18
1	H																	He
2	Li	Be											B	C	N	O	F	Ne
3	Na	Mg											Al	Si	P	S	Cl	Ar
4	K	Ca	Sc	Ti	V	Cr	Mn	Fe	Co	Ni	Cu	Zn	Ga	Ge	As	Se	Br	Kr
5	Rb	Sr	Y	Zr	Nb	Mo	Tc	Ru	Rh	Pd	Ag	Cd	In	Sn	Sb	Te	I	Xe

→ 原子半径减小
→ 电子亲和势增大

电子亲和势衡量原子获得一个电子的难易程度（该过程中释放的能量大小）。原子半径越小，其价电子层受原子核的吸引力越强，越容易获得电子，电子亲和势就越大。

金属性是指金属的活性，即金属在化学反应中失去电子的能力。一般来说，从元素周期表的右上角到左下角，金属性逐渐增强。

电负性是指原子吸引电子的能力。原子半径越小，电子亲和势越大，电负性也越大。氟是元素周期表中电负性最大的元素。

路易斯结构

价电子参与了绝大多数的化学反应，在这些反应中，原子之间的化学键断裂或形成。美国化学家 G. N. 路易斯设计了一套巧妙的符号系统——路易斯结构（如今也被称为路易斯点图、路易斯电子点式），用来表示价电子，让我们能够更直观地理解原子之间如何相互结合成化合物。原子通常会遵循八隅体规则，倾向于获得稳定的电子组态，路易斯结构能够以简单的方式对这个过程进行阐释，也能够清楚地说明主族元素如何形成离子和化合物。

路易斯结构的书写

在**路易斯结构**中，元素符号代表着原子的核心（芯电子和原子核），一个点代表一个价电子。每个元素符号都有 4 条边，每条边能容纳 2 个价电子，共计 8 个价电子（八隅体规则）。

路易斯结构能让我们很直观地看到，为了达到稳定的惰性气体电子组态，主族元素需要获得还是失去电子。

铍（Be）和硼（B）是主族元素中的特例，它们不遵循电子对规则和八隅体规则。铍和硼分别拥有 2 个价电子和 3 个价电子，均为稳定结构。

原子序数离惰性气体更近的元素通常活性也更高。IA族和VIIA族尤其活泼，只需要失去或得到 1 个电子就能达到像惰性气体那样的稳定结构。

第 1 步：

确定元素在元素周期表中的位置，写下元素符号。

氧
8 个价电子

第 2 步：

明确价电子数。氧是VIA族元素，有 6 个价电子。

每个点代表一个价电子，最多 8 个价电子，即八隅体结构

2 个空位表明，要达到八隅体结构，氧还需要获得 2 个电子

第 3 步：

在氧原子符号的四边各点一个点，每个点代表一个价电子，然后用剩余的价电子进行配对。

元素符号代表芯电子和原子核

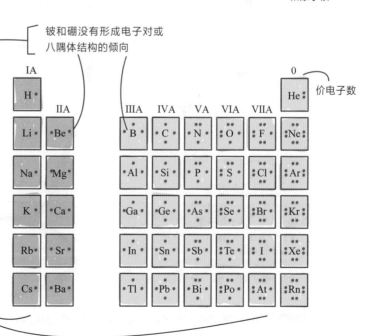

铍和硼没有形成电子对或八隅体结构的倾向

价电子数

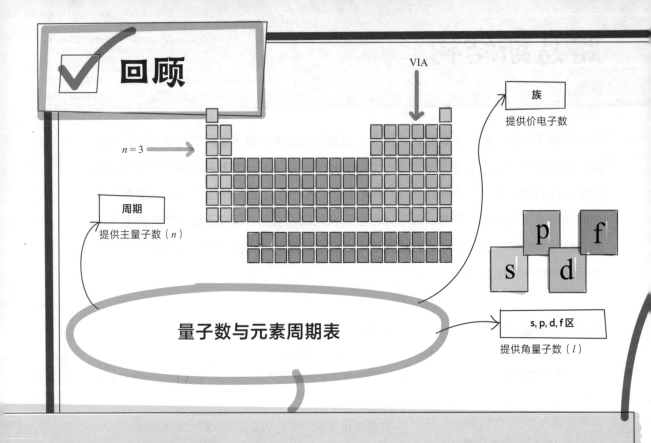

VIA

族

提供价电子数

$n = 3$

周期

提供主量子数（n）

p f

s d

量子数与元素周期表

s, p, d, f 区

提供角量子数（l）

元素周期表：行行又列列

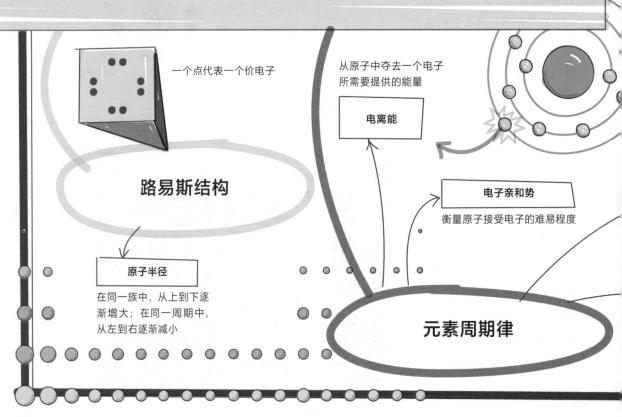

一个点代表一个价电子

从原子中夺去一个电子
所需要提供的能量

电离能

路易斯结构

电子亲和势

衡量原子接受电子的难易程度

原子半径

在同一族中，从上到下逐
渐增大；在同一周期中，
从左到右逐渐减小

元素周期律

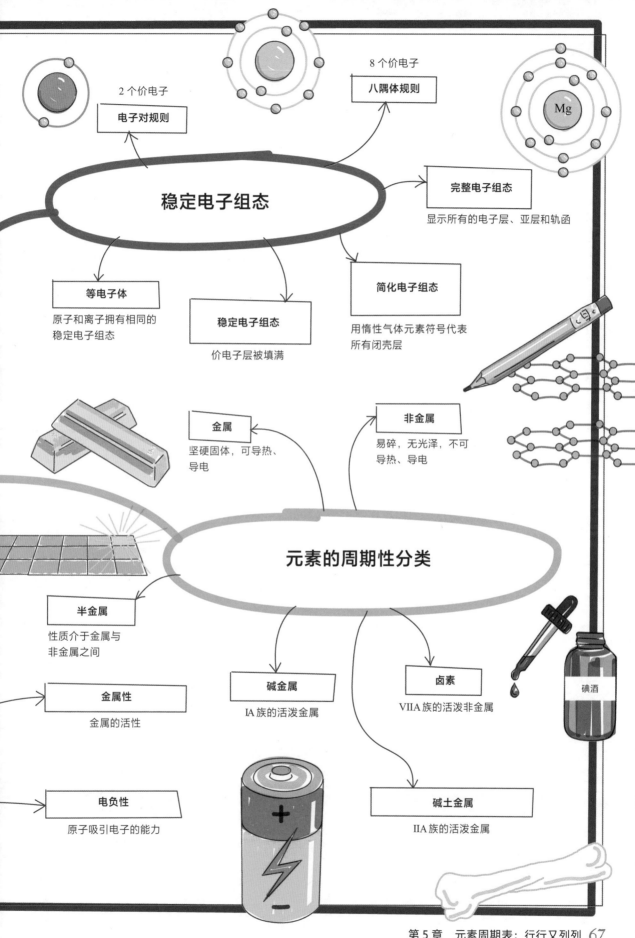

2 个价电子

八隅体规则
8 个价电子

电子对规则

完整电子组态
显示所有的电子层、亚层和轨函

稳定电子组态

简化电子组态
用惰性气体元素符号代表所有闭壳层

等电子体
原子和离子拥有相同的稳定电子组态

稳定电子组态
价电子层被填满

金属
坚硬固体，可导热、导电

非金属
易碎，无光泽，不可导热、导电

元素的周期性分类

半金属
性质介于金属与非金属之间

金属性
金属的活性

电负性
原子吸引电子的能力

碱金属
IA 族的活泼金属

卤素
VIIA 族的活泼非金属

碘酒

碱土金属
IIA 族的活泼金属

第 6 章

化学键：亲近与距离

化学键是一种存在于原子、离子或分子之间的持续吸引力，也是化合物形成的根本原因。化学键合是化学中最基本的概念之一，对于理解其他重要概念也非常关键，比如反应活性和物质的性质。化学键合理论基于实验观察，解释了为什么原子会互相吸引，以及化学反应中的产物是如何生成的。当原子相互靠近时，它们的价电子会发生相互作用并重新分配。如果成键原子的能量低于单个原子能量之和，就表示形成了稳定的化学键。

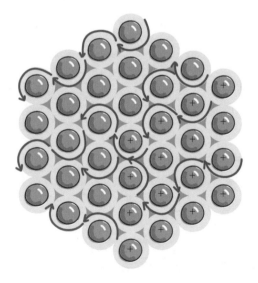

化学键的类型

自然界中存在 94 种元素。很难想象这些元素的单质能构成所有的物质与生命，它们必须通过化学键相互结合，形成多种多样的化合物。化学键一般可以分为三种基本类型：**离子键**、**共价键**和**金属键**。化学键的类型取决于成键原子的性质，后者在很大程度上决定了物质的物理和化学性质。

金属键存在于两个金属原子之间，涉及松散结合的离域价电子。

共价键存在于两个非金属原子之间，或者一个非金属原子和一个半金属原子之间，涉及价电子的共用。

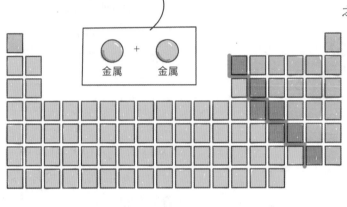

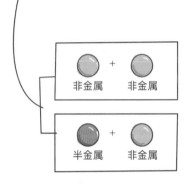

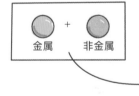

离子键存在于一个金属原子和一个非金属原子之间，涉及价电子从金属原子到非金属原子的彻底转移。

两个原子之间更倾向于发生什么类型的键合，关键取决于**电负性**。离子键不太可能是纯离子键，而共价键也很少是100%共价的。

成键原子的电负性差异影响着化学键的性质和特征。

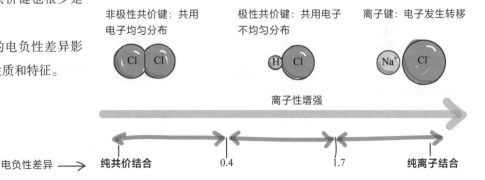

离子键与离子化合物

　　当电负性弱的金属原子与电负性强的非金属原子结合时，就会形成离子键：电负性差异越大，原子之间形成的化学键的离子性越强。金属原子失去价电子，成为阳离子；而非金属原子获得电子，成为阴离子。电性相反的离子之间的强烈吸引力被称为离子键，它们结合生成的化合物就是离子化合物。要形成电中性的离子化合物，反应中失去与获得的电子数量必须相等。

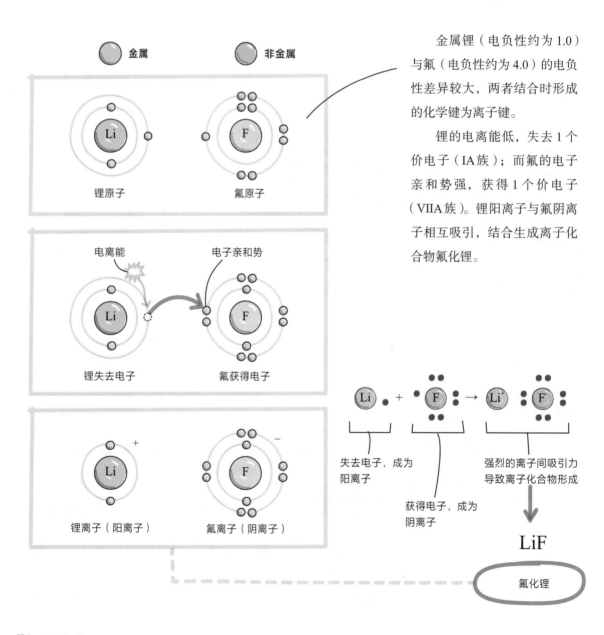

　　金属锂（电负性约为1.0）与氟（电负性约为4.0）的电负性差异较大，两者结合时形成的化学键为离子键。

　　锂的电离能低，失去1个价电子（IA族）；而氟的电子亲和势强，获得1个价电子（VIIA族）。锂阳离子与氟阴离子相互吸引，结合生成离子化合物氟化锂。

金属　　　　　非金属

锂原子　　　　氟原子

电离能　　　　电子亲和势

锂失去电子　　氟获得电子

锂离子（阳离子）　　氟离子（阴离子）

失去电子，成为阳离子

获得电子，成为阴离子

强烈的离子间吸引力导致离子化合物形成

LiF

氟化锂

二元离子化合物

主族元素的离子电荷数是可预测的，两个主族元素的单原子离子相互结合，就形成了**二元离子化合物**。

在离子方程式中，正、负电荷数以上标形式表示，并且金属离子在前，非金属离子在后。

非金属阴离子的电荷数决定了生成的电中性离子化合物中需要多少阳离子。

金属阳离子的电荷数决定了生成的电中性离子化合物中需要多少阴离子。

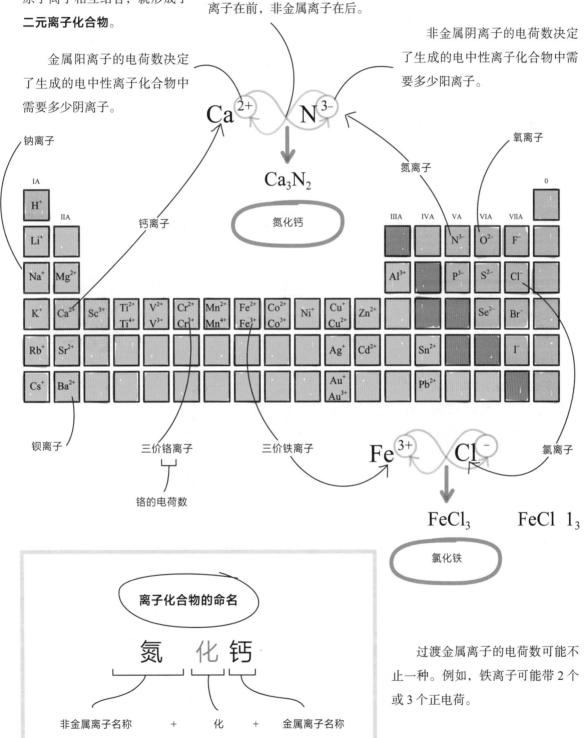

离子化合物的命名

非金属离子名称 + 化 + 金属离子名称

过渡金属离子的电荷数可能不止一种。例如，铁离子可能带 2 个或 3 个正电荷。

三元离子化合物

三元离子化合物由至少三种不同元素组成：可能是一个多原子离子与至少一个金属或非金属离子，也可能是两个不同的多原子离子。

多原子离子是两个或更多原子共价结合形成的原子团，带正电荷或负电荷。

多原子离子中的元素以共价键结合而成，整体带正电荷或负电荷。

例如，家用漂白剂中的活性成分是次氯酸钠（$NaClO$）。其中次氯酸根离子（ClO^-）就是多原子离子，它的负电荷属于整个离子，而不是只属于氧原子。

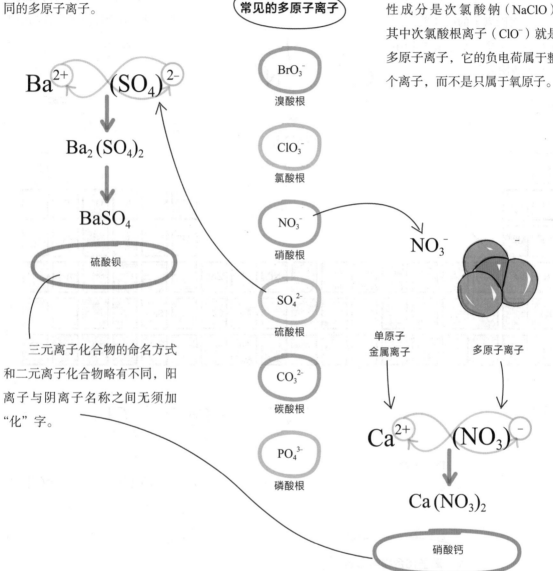

常见的多原子离子

BrO_3^-
溴酸根

ClO_3^-
氯酸根

NO_3^-
硝酸根

SO_4^{2-}
硫酸根

CO_3^{2-}
碳酸根

PO_4^{3-}
磷酸根

Ba^{2+} $(SO_4)^{2-}$

$Ba_2(SO_4)_2$

$BaSO_4$

硫酸钡

三元离子化合物的命名方式和二元离子化合物略有不同，阳离子与阴离子名称之间无须加"化"字。

NO_3^-

单原子金属离子

多原子离子

Ca^{2+} $(NO_3)^-$

$Ca(NO_3)_2$

硝酸钙

磷酸铵$[(NH_4)_3PO_4]$包含两种不同的多原子离子：铵离子（NH_4^+）和磷酸根离子（PO_4^{3-}）。将两种多原子离子的名称组合在一起，即可得到化合物名称。

磷酸铵是一种重要的离子化合物，常用作某类化肥（氮肥）的原料，能为植物生长提供所需的氮元素。

硫酸铜（$CuSO_4$）也是一种三元离子化合物，用在泳池中，可以抑制藻类生长，防止脚癣传播。

共价键与共价化合物

在元素周期表中，非金属的电负性通常比其他元素强；由于原子半径较小，非金属的电子亲和势较大。因此，当非金属原子与其他非金属或半金属原子结合时，不会发生电子转移：为了获得稳定的电子组态，两个原子会共用价电子。共用的电子同时与两个成键原子的原子核发生相互作用，降低势能。这种相互作用就是**共价键**，通过共价键形成的化合物叫作**共价化合物**。

共价键的形成

共用的电子对即**成键电子对**，它们形成了共价键。

非共用电子对即**非成键电子对**（常被称为孤对电子）。

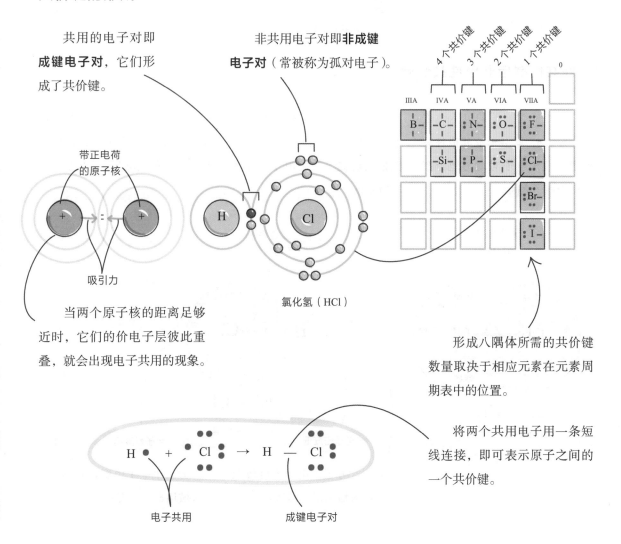

带正电荷的原子核

吸引力

当两个原子核的距离足够近时，它们的价电子层彼此重叠，就会出现电子共用的现象。

氯化氢（HCl）

形成八隅体所需的共价键数量取决于相应元素在元素周期表中的位置。

将两个共用电子用一条短线连接，即可表示原子之间的一个共价键。

电子共用   成键电子对

为满足八隅体规则或电子对规则，非金属原子之间能够共用一对、两对或三对电子，分别形成**共价单键**、**共价双键**或**共价三键**。

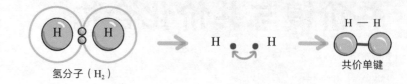

氢分子（H_2）

共价单键

不同共价键的形成

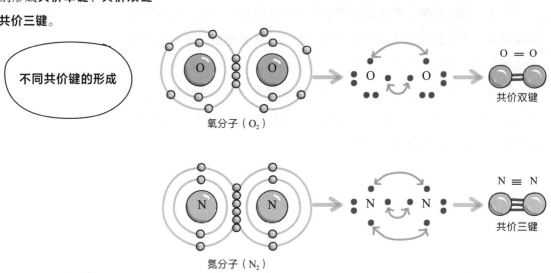

氧分子（O_2）

共价双键

氮分子（N_2）

共价三键

极性共价键与非极性共价键

如果成键原子的电负性之差小于 0.4，就会形成**非极性共价键**，共用电子对均匀地分布在两个原子之间。

如果成键原子的电负性之差在 0.4 到 1.7 之间，就会形成**极性共价键**，共用电子对呈不均匀分布。

电负性更强的原子对共用电子对的吸引力更强，该原子附近区域的负电荷密度也更高。

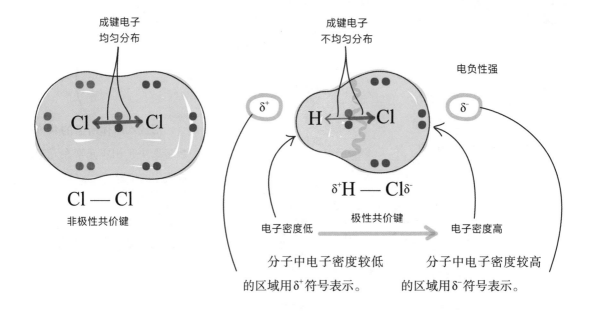

成键电子均匀分布

$Cl — Cl$

非极性共价键

成键电子不均匀分布

电负性强

δ^+

δ^-

$\delta^+ H — Cl \delta^-$

极性共价键

电子密度低 ⟶ 电子密度高

分子中电子密度较低的区域用δ^+符号表示。

分子中电子密度较高的区域用δ^-符号表示。

共价化合物

在**共价化合物**中，原子间以共价键的形式结合。

共价化合物遵循定比定律和倍比定律（见第 25 页）。

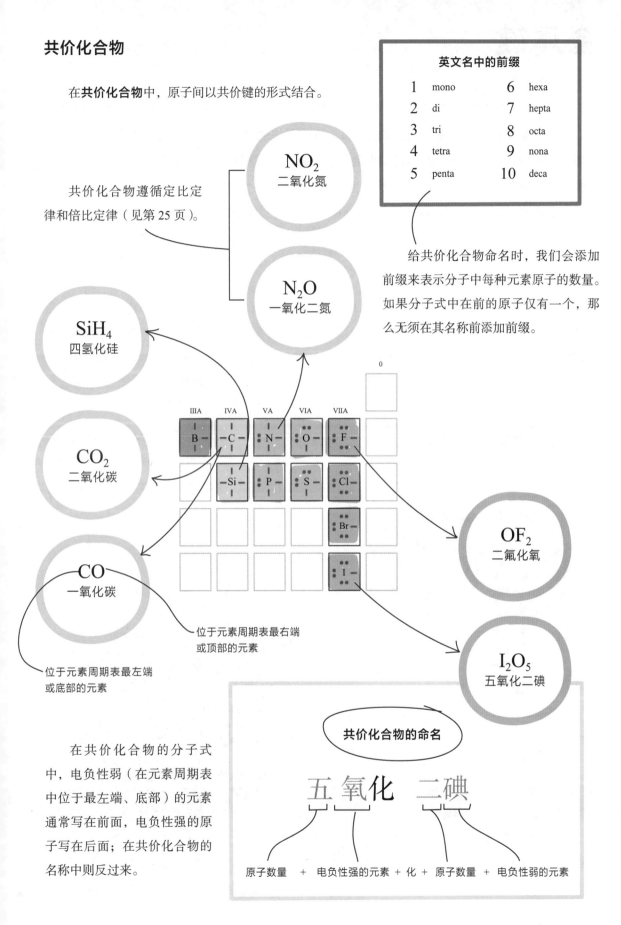

英文名中的前缀

1	mono	6	hexa
2	di	7	hepta
3	tri	8	octa
4	tetra	9	nona
5	penta	10	deca

给共价化合物命名时，我们会添加前缀来表示分子中每种元素原子的数量。如果分子式中在前的原子仅有一个，那么无须在其名称前添加前缀。

NO_2
二氧化氮

N_2O
一氧化二氮

SiH_4
四氢化硅

CO_2
二氧化碳

CO
一氧化碳

OF_2
二氟化氧

I_2O_5
五氧化二碘

位于元素周期表最右端或顶部的元素

位于元素周期表最左端或底部的元素

IIIA	IVA	VA	VIA	VIIA
B	C	N	O	F
	Si	P	S	Cl
				Br
				I

0

在共价化合物的分子式中，电负性弱（在元素周期表中位于最左端、底部）的元素通常写在前面，电负性强的原子写在后面；在共价化合物的名称中则反过来。

共价化合物的命名

五 氧 化　二 碘

原子数量　+　电负性强的元素　+　化　+　原子数量　+　电负性弱的元素

金属键

金属元素在所有元素中的占比约为 2/3，构成了地壳质量的 24%。当金属以单质形式或与其他金属混合的形式（合金）存在时，通常拥有较高的熔点，这就意味着原子之间结合得非常紧密。金属原子之间的结合即为金属键，它与离子键或共价键有很大差异。金属键的性质常用"电子海模型"来解释。

金属原子在三维空间中结合时会形成规则的排列，这种原子排列被称为**晶格**。

在晶格中，每个金属原子都与周围的其他金属原子紧密相连。

金属原子将价电子提供给**电子海**，变成带正电荷的阳离子。可以理解为阳离子在带负电荷的电子"海洋"中悬浮。

电子之间结合得较为松散，它们可以在晶格中自由移动；阳离子则被紧密地约束在一起。

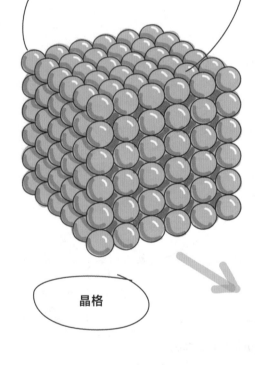

晶格

与共价键不同，金属键没有方向，因为金属原子之间不存在电负性差异。金属原子之间键的强弱仅取决于周围电子的数量，与电负性无关。

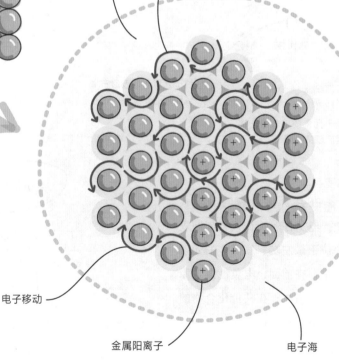

电子移动

金属阳离子

电子海

金属光泽

金属因吸收与反射光的能力很强而具有光泽。价电子具有高机动性，所以金属的外观光滑发亮。

银的金属光泽

暗淡无光的银

金的金属光泽

当光（以携带能量的光子为载体的电磁辐射）照射到金属表面上时，价电子吸收能量并被激发。电子回到基态时，将吸收的能量以可见光的形式发射出去，使金属看起来有光泽。

入射的可见光

反射的光波

自由的金属电子

为什么金属具有光泽？

金属反射的光是可见光谱里各种波长的光的混合，其比例并不相同。这就解释了为什么很多金属都呈灰白色，但也有些金属的颜色与众不同，比如金。

金属阳离子的紧密排列令光无法穿透，所以大多数光都发生了反射。

随着时间的推移，金属表面会变脏、生锈，或者因在空气中氧化而失去光泽。在这种情况下，金属表面不再是纯净物，而是产生了一种不同的化合物，其中电子的自由度大大降低。例如，银与空气中的氧反应后会变得暗淡无光，需要进行抛光才能恢复光泽。

银原子

镜子的原理

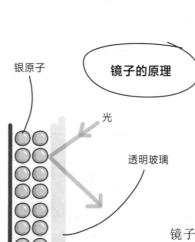

光

透明玻璃

黑色背板

镜子是通过在玻璃上镀银制成的，其原理是金属的高反射性。物体反射的光照射到镜面上时，会被银离子反射出去，从而产生"镜像"。

离子化合物与共价化合物的性质

共价化合物与离子化合物的物理性质有很大的不同。离子化合物中离子间的相互作用很强，并且各处均等。共价化合物的性质则各不相同，这要归因于成键原子的电负性差异，导致形成的共价键具有不同的强度和极性。共价化合物在室温下可能呈气态、液态或固态，而离子化合物因其规则的晶体形状，大多数呈固态。

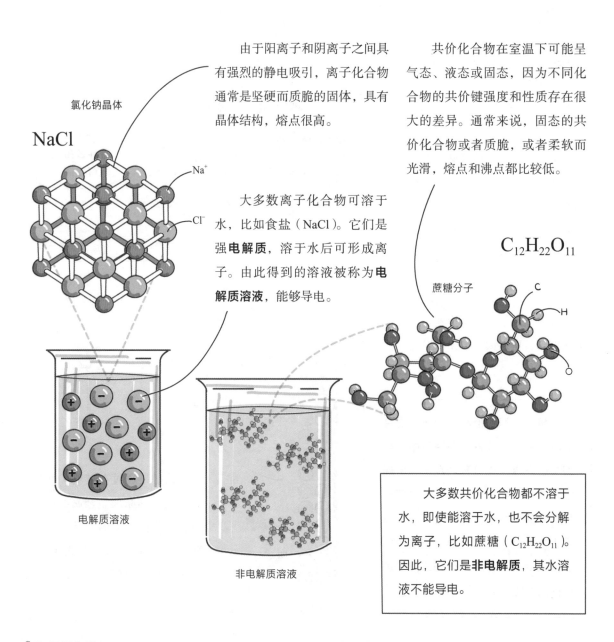

氯化钠晶体

NaCl

Na^+

Cl^-

由于阳离子和阴离子之间具有强烈的静电吸引，离子化合物通常是坚硬而质脆的固体，具有晶体结构，熔点很高。

大多数离子化合物可溶于水，比如食盐（NaCl）。它们是强**电解质**，溶于水后可形成离子。由此得到的溶液被称为**电解质溶液**，能够导电。

共价化合物在室温下可能呈气态、液态或固态，因为不同化合物的共价键强度和性质存在很大的差异。通常来说，固态的共价化合物或者质脆，或者柔软而光滑，熔点和沸点都比较低。

$C_{12}H_{22}O_{11}$

蔗糖分子

C

H

O

电解质溶液

非电解质溶液

大多数共价化合物都不溶于水，即使能溶于水，也不会分解为离子，比如蔗糖（$C_{12}H_{22}O_{11}$）。因此，它们是**非电解质**，其水溶液不能导电。

电解质与健康

人体主要由水组成，能够溶解必需矿物质中的离子化合物。电解质以食物的形式被摄入人体，借由血液循环抵达全身各处，发挥着重要的生物功能。

人体质量的96.2%来源于氧、碳、氢、氮四种元素，剩下3.8%的质量则大部分来源于电解质。

身体缺乏电解质会导致健康问题，比如心脏和肌肉的健康问题、焦虑、肥胖、眩晕、失眠、频繁头疼和体液失衡。

人们通过均衡、多样化的饮食摄入所需电解质。

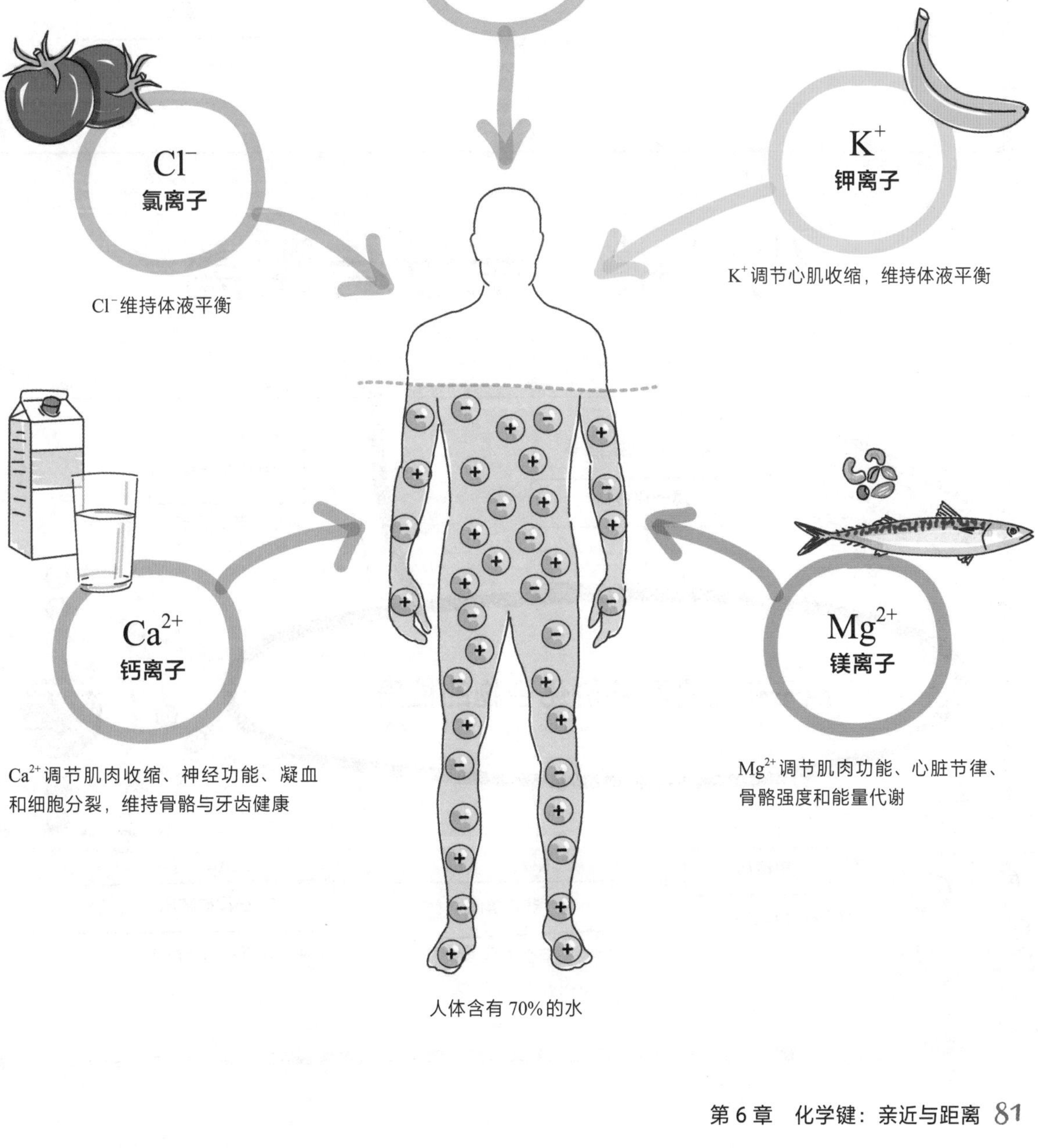

Na$^+$
钠离子

Na$^+$维持体液平衡，调节神经功能和肌肉收缩

Cl$^-$
氯离子

Cl$^-$维持体液平衡

K$^+$
钾离子

K$^+$调节心肌收缩，维持体液平衡

Ca^{2+}
钙离子

Ca^{2+}调节肌肉收缩、神经功能、凝血和细胞分裂，维持骨骼与牙齿健康

Mg^{2+}
镁离子

Mg^{2+}调节肌肉功能、心脏节律、骨骼强度和能量代谢

人体含有70%的水

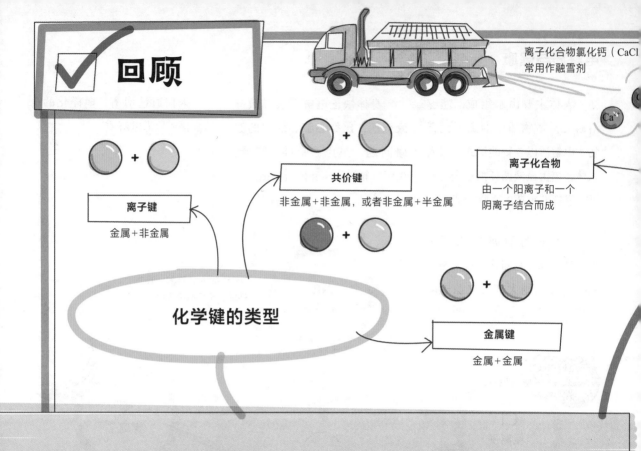

离子化合物氯化钙（CaCl
常用作融雪剂

共价键

非金属+非金属，或者非金属+半金属

离子键

金属+非金属

离子化合物

由一个阳离子和一个
阴离子结合而成

化学键的类型

金属键

金属+金属

化学键：亲近与距离

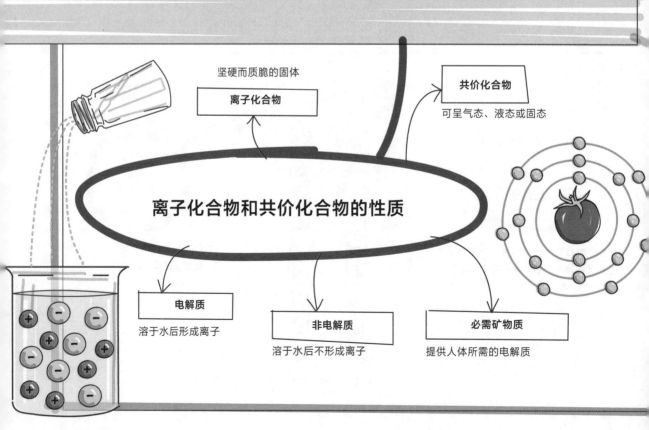

坚硬而质脆的固体

离子化合物

共价化合物

可呈气态、液态或固态

离子化合物和共价化合物的性质

电解质

溶于水后形成离子

非电解质

溶于水后不形成离子

必需矿物质

提供人体所需的电解质

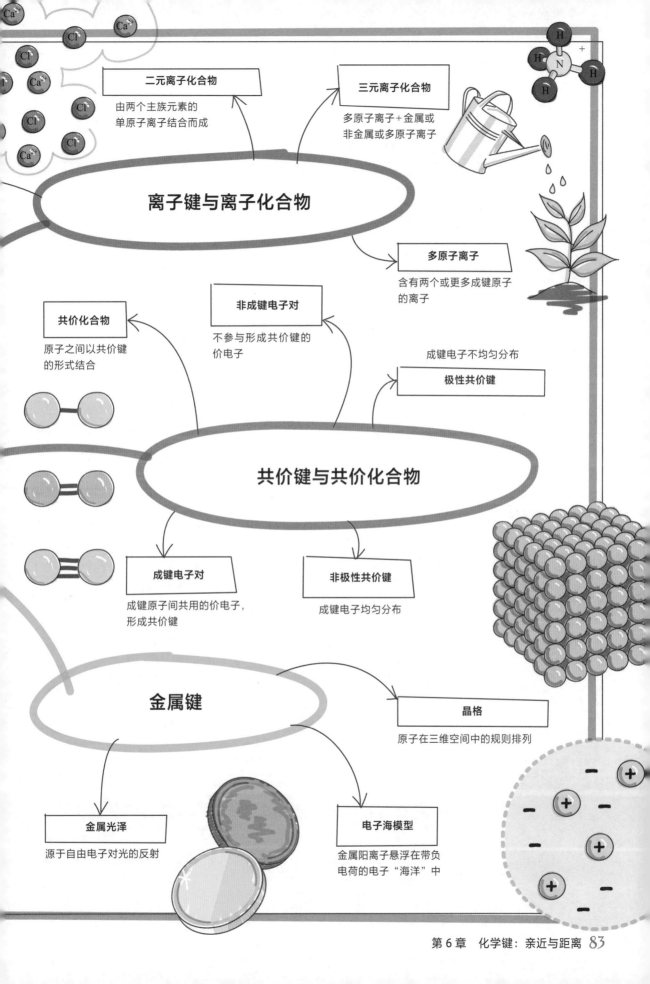

二元离子化合物

由两个主族元素的
单原子离子结合而成

三元离子化合物

多原子离子+金属或
非金属或多原子离子

离子键与离子化合物

多原子离子

含有两个或更多成键原子
的离子

非成键电子对

不参与形成共价键的
价电子

成键电子不均匀分布

极性共价键

共价化合物

原子之间以共价键
的形式结合

共价键与共价化合物

成键电子对

成键原子间共用的价电子,
形成共价键

非极性共价键

成键电子均匀分布

金属键

晶格

原子在三维空间中的规则排列

金属光泽

源于自由电子对光的反射

电子海模型

金属阳离子悬浮在带负
电荷的电子"海洋"中

第7章

分子结构：
预测性质的靠谱依据

物质有三种主要状态：固态、液态和气态。室温下物质以何种状态存在，取决于物质内粒子的结构及粒子之间的相互作用。物质中分子之间的相互作用力，即分子间力的类型和强度，对物质的性质起着关键作用。在共价化合物中，分子间力主要由分子的几何形状与极性决定。例如，水分子的极性特征和V形的几何结构是水存在的基础。

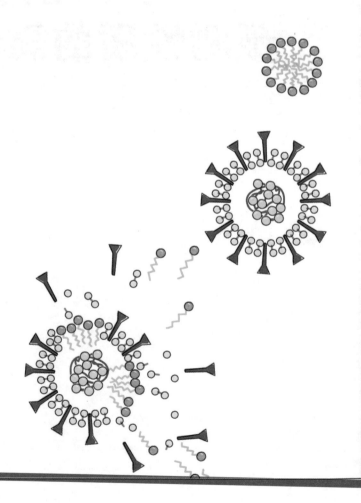

共价化合物的路易斯结构

路易斯结构是分子的二维示意图，能够更直观地呈现价电子的分布情况，无论是孤对电子还是成键电子对。根据路易斯结构提供的信息，我们能够预测分子的极性，以及分子间力的类型和强弱。冰能浮于水，因为冰的密度小于液态水——通过观察水分子的路易斯结构可以直接推断出这个现象。

路易斯结构以分子的骨架结构为基础，将电负性最弱元素的原子（**中心原子**）置于中间，末端原子通过共价键与中心原子相连。

中心原子可能不止一个，在这种情况下，形成骨架结构时末端原子均匀分布在中心原子周围。

路易斯结构是分子的二维图像，显示了分子的价电子分布情况。

第 1 步：

将电负性最弱的元素放在中间作为中心原子，写出分子的骨架结构。

第 2 步：

写出每个原子的路易斯结构，并开始与中心原子形成共价键。

第 3 步：

画出一个共价键和未成键电子对。

第 4 步：

如果构建八隅体需要继续成键，就继续形成双键或三键。

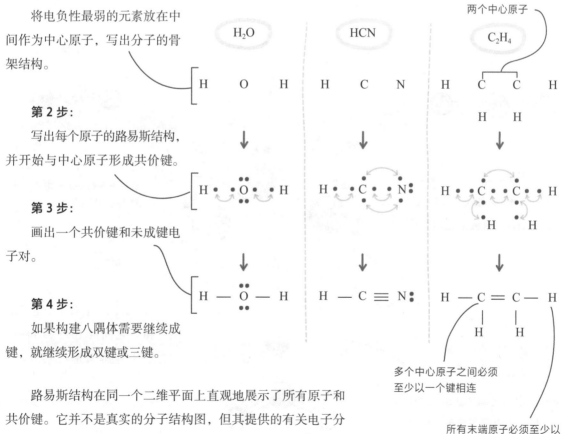

路易斯结构在同一个二维平面上直观地展示了所有原子和共价键。它并不是真实的分子结构图，但其提供的有关电子分布和键级的信息具有非常重要的价值。

VSEPR 理论：
分子的几何结构

带负电荷的电子之间的静电排斥是分子内共价键排布的基础。**价层电子对互斥**（**VSEPR**）理论正是基于**电子基团**（包括孤对电子、单键、双键和三键）之间的互斥提出的。该理论聚焦于分子内各个中心原子周围电子基团之间的静电排斥，以及电子基团排布所形成的特定三维几何结构。

电子基团几何结构

中心原子周围电子基团的数量决定了它们之间因静电排斥而产生的最大距离。

造成这些电子基团彼此远离的排斥力有三类：**成键电子对—成键电子对**，**孤对电子—成键电子对**，以及**孤对电子—孤对电子**。

中心原子周围呈现出明确的几何结构，说明电子基团之间存在一定的角度关系。

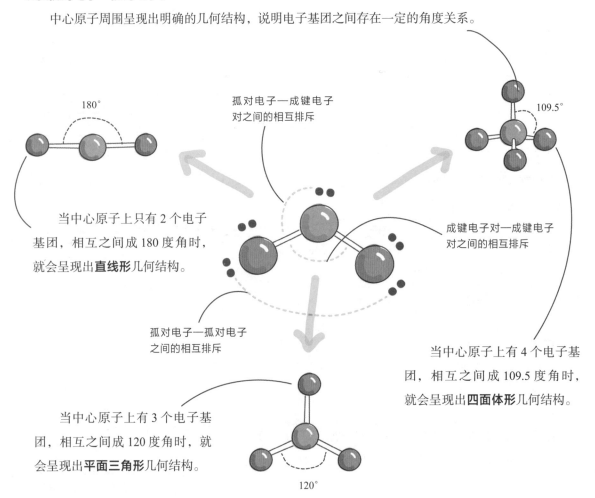

180°

孤对电子—成键电子对之间的相互排斥

109.5°

当中心原子上只有 2 个电子基团，相互之间成 180 度角时，就会呈现出**直线形**几何结构。

成键电子对—成键电子对之间的相互排斥

孤对电子—孤对电子之间的相互排斥

当中心原子上有 4 个电子基团，相互之间成 109.5 度角时，就会呈现出**四面体形**几何结构。

当中心原子上有 3 个电子基团，相互之间成 120 度角时，就会呈现出**平面三角形**几何结构。

120°

分子形状

只有当中心原子周围的电子基团均为成键电子对时，才会出现平面三角形和四面体形几何结构。当中心原子上存在孤对电子时，分子结构会因**键角畸变**而改变。孤对电子能够自由移动，会向下挤压成键电子对，导致理论键角变小。而在直线形几何结构的分子中，没有观察到键角畸变。

电子基团几何结构呈四面体形，没有发生键角畸变，因为中心原子上没有孤对电子。 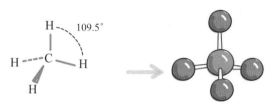 这时分子结构也呈四面体形，键角为理论键角，因为所有电子基团均与其他原子成键。

电子基团几何结构呈四面体形，但键角减小，因为中心原子上存在孤对电子。  仅有 3 个电子基团成键，分子结构为三角锥形。

电子基团几何结构呈四面体形，但键角减小，因为中心原子上存在两组孤对电子。 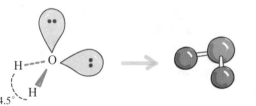 仅有 2 个电子基团成键，分子结构为V形。

电子基团几何结构呈平面三角形，但键角减小，因为中心原子上存在孤对电子。 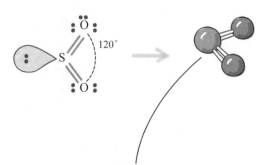 仅有 2 个电子基团成键，分子结构为V形。

分子的实际结构仅由成键电子对（共价键）的几何结构决定。

随着中心原子周围孤对电子的数量增加，键角畸变也会增大。

分子结构与极性

共价化合物的**极性**或**非极性**取决于它的价电子分布情况。分子几何结构揭示了分子中所有原子周围的价电子分布。如果分子内的电子分布不均匀，存在电子密度较高或较低的分子区域，就会使分子具有极性或**偶极**。另一方面，如果价电子分布均匀，那么该分子为非极性分子。

当分子的中心原子上有孤对电子时，就会发生键角畸变和电子分布不均匀的情况，这样的分子通常为极性分子。

当中心原子上没有孤对电子且所有末端原子相同时，分子通常为非极性分子。如果末端原子不相同，并具有不同的电负性，就会形成极性分子。

电负性强的氧原子吸引电子靠近自身。

由于偶极的存在，水分子流在带电金属棒的作用下弯曲。

电子密度高

δ^- δ^-

O

水（H_2O）

H δ^+ H δ^+

电子密度低

带电金属棒

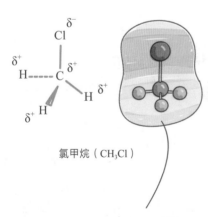

δ^-
Cl
δ^+ H —— C δ^+ H
δ^+ H

氯甲烷（CH_3Cl）

电负性强的氯原子会导致分子周围的电子分布不均匀，形成偶极。

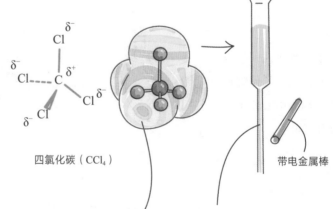

δ^-
Cl
δ^- Cl —— C δ^+ Cl δ^-
δ^- Cl

四氯化碳（CCl_4）

中心原子周围的末端原子相同，电子分布均匀。

非极性分子没有偶极，不会受到外部电荷影响。

带电金属棒

相似相溶

极性分子和非极性分子的性质不同。水是一种强极性物质，能够吸引其他极性物质，或者与其他极性物质混合，这种特性被称为**相似相溶原理**。单靠水无法杀死冠状病毒，因为这类病毒的表面由非极性的脂质分子构成。

肥皂分子，即**表面活性剂**，其结构包含一个极性的头部和一个非极性的尾部。肥皂分子在水中会聚集成大型分子，被称为**胶束**。在清洗过程中，胶束破裂并释放出表面活性剂分子，能够将极性的水分子与非极性的脂质分子连接起来。

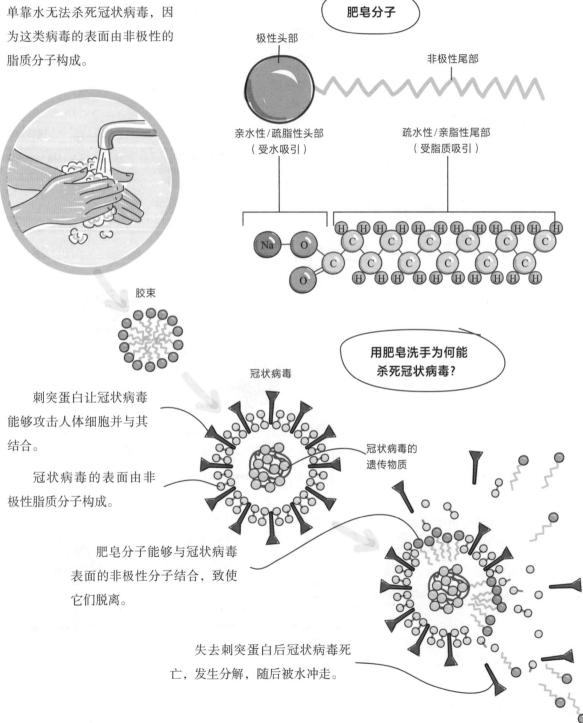

肥皂分子

极性头部

非极性尾部

亲水性/疏脂性头部
（受水吸引）

疏水性/亲脂性尾部
（受脂质吸引）

胶束

刺突蛋白让冠状病毒能够攻击人体细胞并与其结合。

冠状病毒的表面由非极性脂质分子构成。

冠状病毒

用肥皂洗手为何能杀死冠状病毒？

冠状病毒的遗传物质

肥皂分子能够与冠状病毒表面的非极性分子结合，致使它们脱离。

失去刺突蛋白后冠状病毒死亡，发生分解，随后被水冲走。

分子间力

分子内作用力（包括离子键、共价键与金属键）与价电子有关。化合物分子因分子内作用力而相互接近，当距离足够小时，分子之间就会出现一种又名**范德瓦耳斯力**的吸引力。这种**分子间力**与价电子的共用无关。分子间力比分子内作用力弱得多，但对物质的物理性质来说十分重要。

分子间力的大小

分子内作用力（共价键）使水分子呈现出 V 形的几何结构，但由于极性水分子中电性相反的区域互相吸引，水中也存在着分子间力。

分子的极性决定了其分子间力的类型和大小。固体内的分子间力强，使得分子和原子均紧密相连。

气体分子之间相距很远，分子间力弱。

液体分子之间距离较近，但有一定的活动性，因为它们的分子间力属于中等强度。

加热会减弱分子间力，从而使水这种物质发生从固态到液态（融化）、从液态到气态（蒸发）的物态变化。

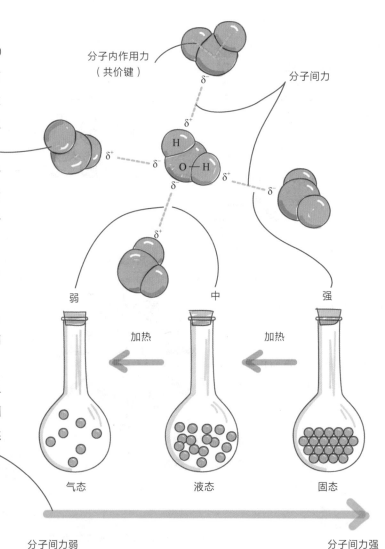

分子间力的类型

色散力（或称伦敦力）是一种较弱的分子间力，存在于所有分子之间。但就非极性分子而言，色散力是唯一的分子间力。

非极性分子的价电子完全均匀分布，所以它们没有偶极。

当非极性分子与其他分子的距离较近时，可能会产生一个暂时性偶极。这种**诱导偶极**能与其他诱导偶极相互作用，产生微弱的瞬时色散力。

这种力很容易消失。事实上，许多非极性分子组成的物质在室温下为气态，就是因为色散力太弱，不足以使分子间保持较小的距离而变成液态或固态。

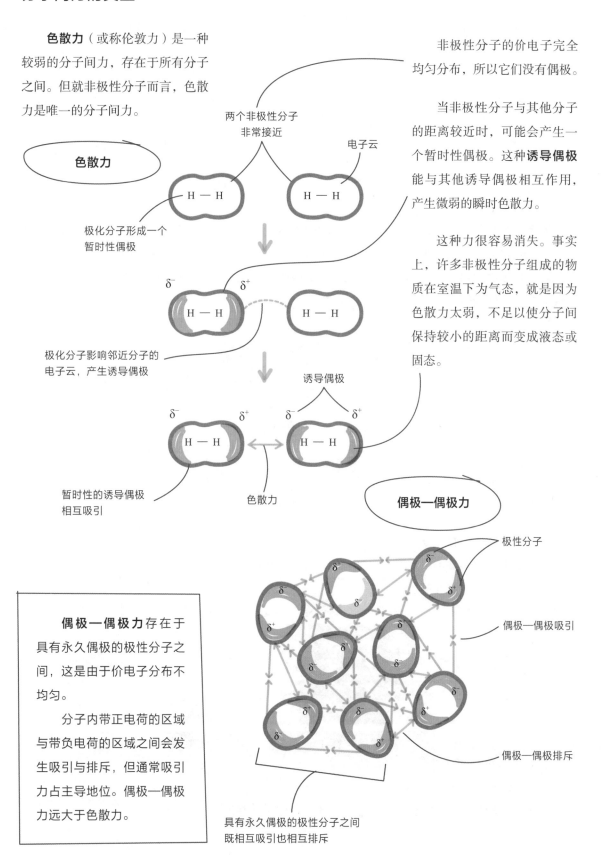

色散力

两个非极性分子非常接近

电子云

极化分子形成一个暂时性偶极

δ^- δ^+

极化分子影响邻近分子的电子云，产生诱导偶极

诱导偶极

δ^- δ^+ δ^- δ^+

暂时性的诱导偶极相互吸引

色散力

偶极—偶极力

极性分子

偶极—偶极吸引

偶极—偶极排斥

偶极—偶极力存在于具有永久偶极的极性分子之间，这是由于价电子分布不均匀。

分子内带正电荷的区域与带负电荷的区域之间会发生吸引与排斥，但通常吸引力占主导地位。偶极—偶极力远大于色散力。

具有永久偶极的极性分子之间既相互吸引也相互排斥

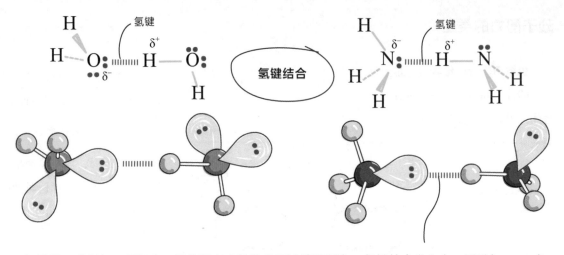

氢键是一种偶极—偶极力，因其强度比较特殊而被单独研究。氢键结合发生在H原子与F、O或N原子直接相连的极性分子之间。若分子中没有H—F、H—O或H—N共价键，就不会形成氢键。

氢键形成于极性分子的偶极之间。氢键强于其他偶极—偶极力，所以许多有氢键的物质（比如水）在室温下通常是液态。

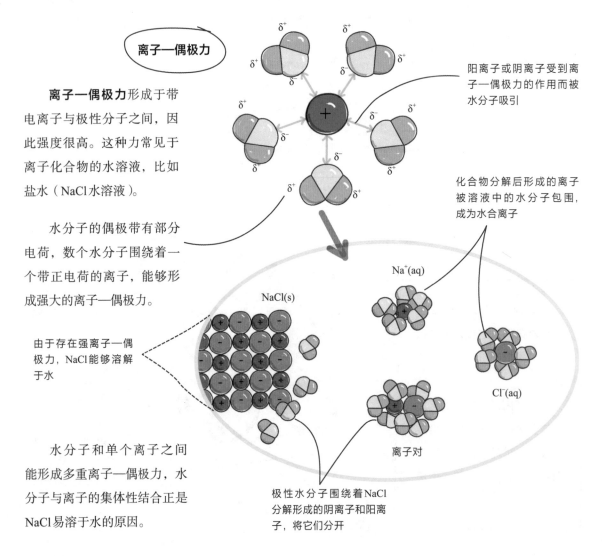

离子—偶极力形成于带电离子与极性分子之间，因此强度很高。这种力常见于离子化合物的水溶液，比如盐水（NaCl水溶液）。

阳离子或阴离子受到离子—偶极力的作用而被水分子吸引

水分子的偶极带有部分电荷，数个水分子围绕着一个带正电荷的离子，能够形成强大的离子—偶极力。

化合物分解后形成的离子被溶液中的水分子包围，成为水合离子

Na$^+$(aq)

NaCl(s)

由于存在强离子—偶极力，NaCl能够溶解于水

Cl$^-$(aq)

水分子和单个离子之间能形成多重离子—偶极力，水分子与离子的集体性结合正是NaCl易溶于水的原因。

离子对

极性水分子围绕着NaCl分解形成的阴离子和阳离子，将它们分开

动态的氢键结合

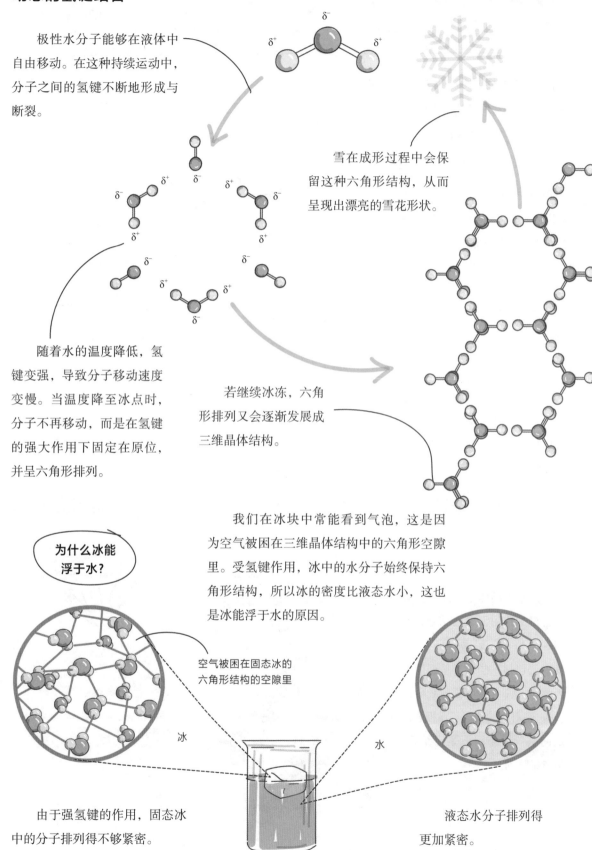

极性水分子能够在液体中自由移动。在这种持续运动中，分子之间的氢键不断地形成与断裂。

雪在成形过程中会保留这种六角形结构，从而呈现出漂亮的雪花形状。

随着水的温度降低，氢键变强，导致分子移动速度变慢。当温度降至冰点时，分子不再移动，而是在氢键的强大作用下固定在原位，并呈六角形排列。

若继续冰冻，六角形排列又会逐渐发展成三维晶体结构。

我们在冰块中常能看到气泡，这是因为空气被困在三维晶体结构中的六角形空隙里。受氢键作用，冰中的水分子始终保持六角形结构，所以冰的密度比液态水小，这也是冰能浮于水的原因。

为什么冰能浮于水？

空气被困在固态冰的六角形结构的空隙里

冰

水

由于强氢键的作用，固态冰中的分子排列得不够紧密。

液态水分子排列得更加紧密。

键合力与晶体

晶体可用其粒子类型和使这些粒子紧密排列的作用力类型来描述。**粒子间作用力**（分子间力、离子键及原子间作用力）有着不同的强度和键合结构。晶体的物理性质与使其粒子相互聚集的作用力的类型和强度有关。

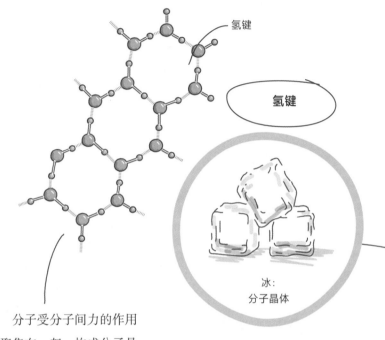

氢键

氢键

冰：
分子晶体

根据结构粒子的不同，晶体可以分为几种主要类型：**分子晶体，离子晶体，原子晶体**和**金属晶体**。

分子受分子间力的作用而聚集在一起，构成分子晶体。分子晶体通常较软，熔点低。

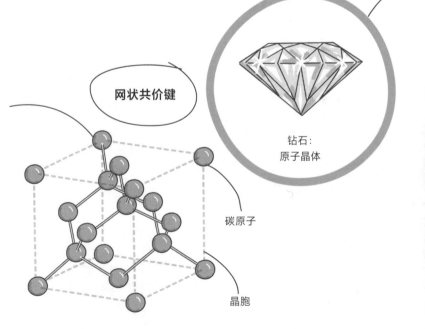

网状共价键

钻石：
原子晶体

碳原子

晶胞

在原子晶体中，原子受强共价键的作用而紧密结合，它们通常坚硬、耐磨，熔点高。其中就包括一些已知最坚硬的天然物质，比如钻石（金刚石）。钻石中的碳原子在极强的定向共价键作用下紧密结合，呈三维阵列。

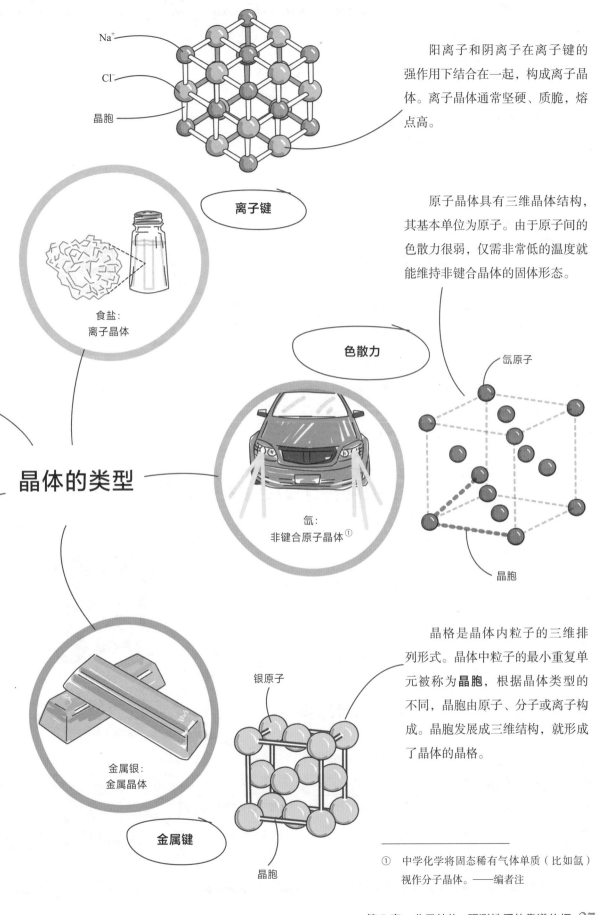

Na$^+$

Cl$^-$

晶胞

阳离子和阴离子在离子键的强作用下结合在一起，构成离子晶体。离子晶体通常坚硬、质脆，熔点高。

离子键

食盐：
离子晶体

原子晶体具有三维晶体结构，其基本单位为原子。由于原子间的色散力很弱，仅需非常低的温度就能维持非键合晶体的固体形态。

色散力

氙原子

晶体的类型

氙：
非键合原子晶体①

晶胞

晶格是晶体内粒子的三维排列形式。晶体中粒子的最小重复单元被称为**晶胞**，根据晶体类型的不同，晶胞由原子、分子或离子构成。晶胞发展成三维结构，就形成了晶体的晶格。

银原子

金属银：
金属晶体

金属键

晶胞

① 中学化学将固态稀有气体单质（比如氙）视作分子晶体。——编者注

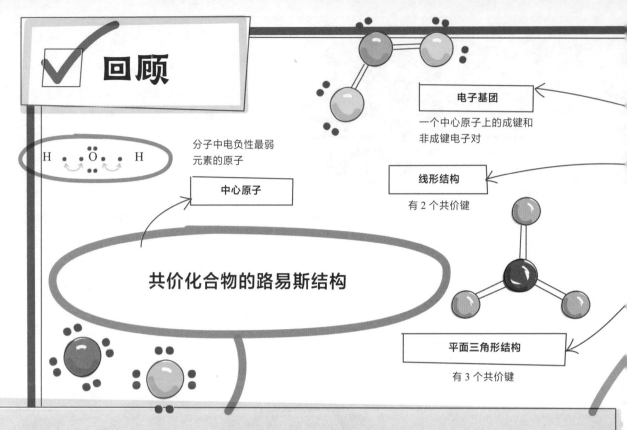

分子中电负性最弱元素的原子

电子基团

一个中心原子上的成键和非成键电子对

中心原子

线形结构

有 2 个共价键

共价化合物的路易斯结构

平面三角形结构

有 3 个共价键

分子结构：
预测性质的靠谱依据

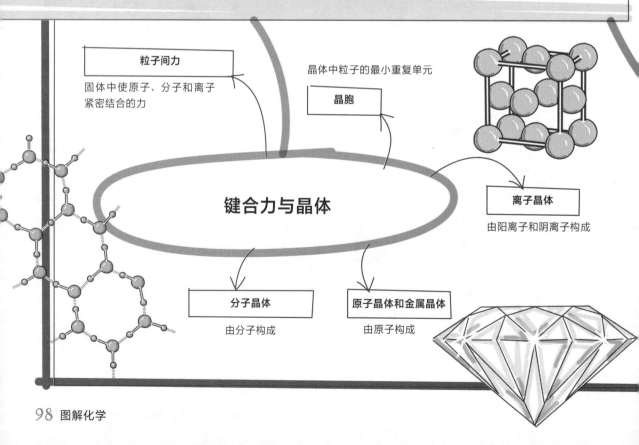

粒子间力

固体中使原子、分子和离子紧密结合的力

晶体中粒子的最小重复单元

晶胞

离子晶体

由阳离子和阴离子构成

键合力与晶体

分子晶体

由分子构成

原子晶体和金属晶体

由原子构成

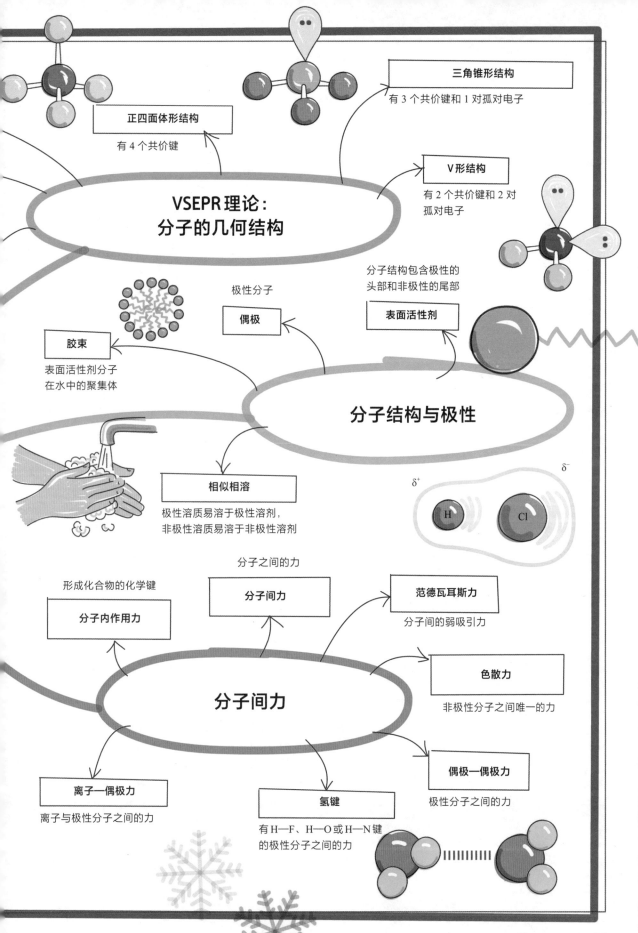

正四面体形结构

有 4 个共价键

三角锥形结构

有 3 个共价键和 1 对孤对电子

V 形结构

有 2 个共价键和 2 对孤对电子

VSEPR 理论：分子的几何结构

分子结构包含极性的头部和非极性的尾部

极性分子

偶极

表面活性剂

胶束

表面活性剂分子在水中的聚集体

分子结构与极性

相似相溶

极性溶质易溶于极性溶剂，非极性溶质易溶于非极性溶剂

δ^+ H   Cl δ^-

形成化合物的化学键

分子内作用力

分子之间的力

分子间力

范德瓦耳斯力

分子间的弱吸引力

色散力

非极性分子之间唯一的力

分子间力

偶极—偶极力

极性分子之间的力

离子—偶极力

离子与极性分子之间的力

氢键

有 H—F、H—O 或 H—N 键的极性分子之间的力

第 8 章

化学反应与化学计量：
亲兄弟，明算账

化学反应是物质发生化学变化的过程。化学反应不会改变原子的种类，而是由一种或多种物质（反应物）中的原子重新组合后形成一种或多种新的物质（产物，中学化学称之为生成物）。为此，反应物分子中的化学键会断裂，同时在产物分子中形成新的化学键。这样看来，化学反应其实是一份食谱，提供了得到新物质所需的指令。为了得到一个正确书写并配平的化学方程式，化学家运用物质的量的概念和化学计量法，去计算反应物与产物的量。

化学方程式的书写与配平

化学反应能够告诉我们，使用哪种反应物可以得到我们想要的产物。**化学方程式**使用化学符号（原子、分子和离子符号）这种通用语言来表示化学变化，所有化学符号都应正确书写。此外，化学方程式必须配平，以满足质量守恒定律。

化学方程式

化学方程式用箭头（代表**生成**或**产生**）将反应物与产物分隔开来。多个反应物和/或产物之间用加号隔开。

化学方程式能帮助科学家了解每种反应物与产物的物理状态。化学方程式用小写字母表示固态（s）、液态（l）、气态（g）和水溶液（aq），将其写在每种物质后面。

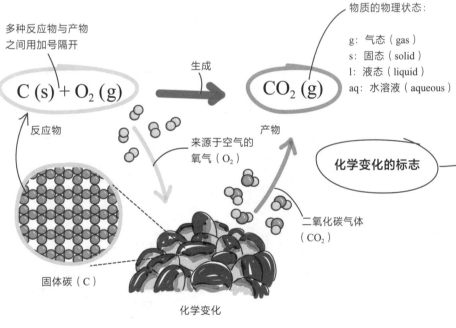

多种反应物与产物
之间用加号隔开

生成

C (s) + O₂ (g)

反应物

来源于空气的
氧气（O₂）

固体碳（C）

化学变化

物质的物理状态：

g：气态（gas）
s：固态（solid）
l：液态（liquid）
aq：水溶液（aqueous）

CO₂ (g)

产物

二氧化碳气体
（CO₂）

化学变化的标志

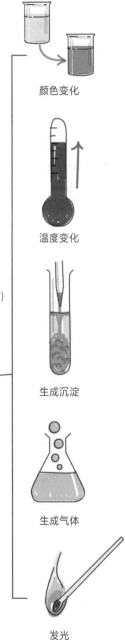

颜色变化

温度变化

生成沉淀

生成气体

发光

根据反应类型的不同，化学变化的标志有多种不同的形式。化学变化中最常见的现象包括颜色变化、温度变化、发光、发声，以及产生气泡或固体沉淀。多种现象可能同时出现在一个化学反应中。

配平化学方程式

想做出一个美味的蛋糕，需要精心计算所有原料的用量，并按照食谱规定的比例将用料混合。同样的道理也适用于化学反应，化学家使用化学计量法，以确保所有的反应成分均为正确比例。

就像食谱一样，化学方程式会给出生成目标产物所需的反应物（原料）。化学方程式中的计量单位是摩尔，写在每种反应物与产物的前面，呈现为整数形式。这类整数被称为**化学计量数**。

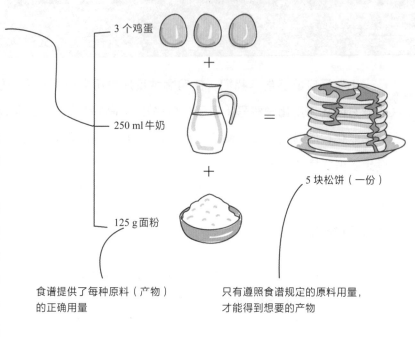

3 个鸡蛋

250 ml 牛奶

125 g 面粉

5 块松饼（一份）

食谱提供了每种原料（产物）的正确用量

只有遵照食谱规定的原料用量，才能得到想要的产物

想获得期望的产物，需要按精确比例添加反应物

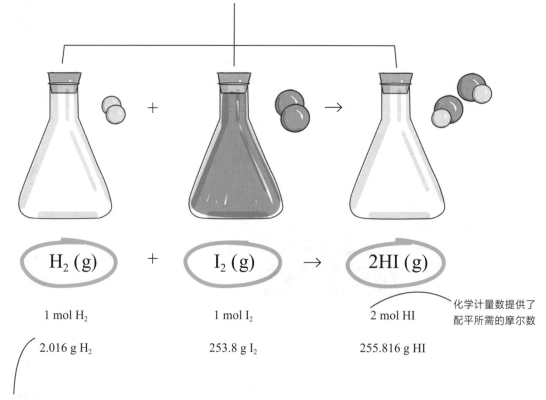

$$H_2\ (g) \quad + \quad I_2\ (g) \quad \rightarrow \quad 2HI\ (g)$$

| 1 mol H_2 | 1 mol I_2 | 2 mol HI |
| 2.016 g H_2 | 253.8 g I_2 | 255.816 g HI |

化学计量数提供了配平所需的摩尔数

化学方程式必须遵守质量守恒定律，所以反应物的总质量应与产物的总质量相等。正确添加**化学计量数**可以配平化学方程式，使方程式两边每种原子的数量相等。

化学计量数体现了物质的量（摩尔数），能够转换成其他单位以便于测量。

配平化学方程式的规则

对于一个化学反应，我们可以根据简单的文字描述写出一个包含反应物和产物的基本方程式。这种方程式仅能表明参与反应的是什么化合物，以及生成了什么产物。

往基本方程式中添加合适的化学计量数，使其满足质量守恒定律，就能够得到平衡化学方程式，其中的反应物与目标产物也都是正确的。

配平时，我们不能改变化合物的下标数字，因为这会导致截然不同的反应物或产物。

配平化学方程式时，我们也不能添加新的反应物或产物。

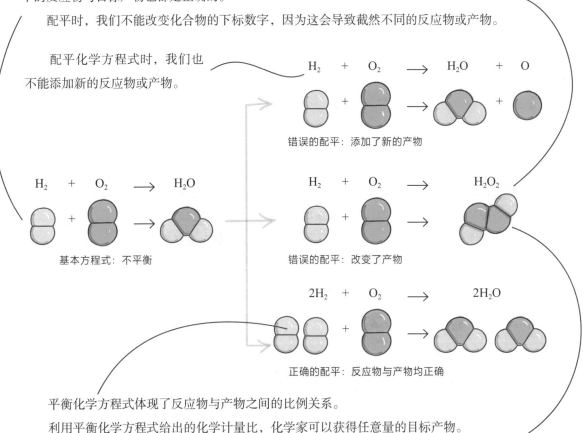

平衡化学方程式体现了反应物与产物之间的比例关系。

利用平衡化学方程式给出的化学计量比，化学家可以获得任意量的目标产物。

氢气与氧气的错误化学计量比会导致产物为过氧化氢（H_2O_2）而非水（H_2O），它们是两种完全不同的产物！

要得到目标产物 H_2O，H_2 与 O_2 这两种反应物的化学计量比应为 2∶1

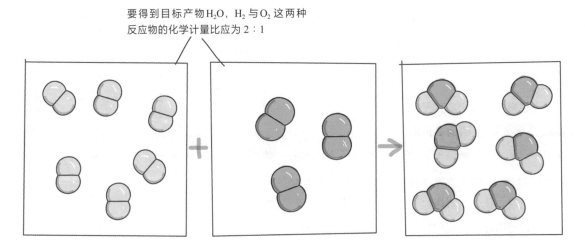

化学计量关系

平衡化学方程式的系数给出了反应中各种物质以摩尔为单位的化学计量比。这类化学计量比可用于确定获得一定量的产物需要多少反应物。对所用反应物与产物之间的数量关系的研究，被称为**化学计量学**。为获得所需量的产物，化学家通常会通过这样的计算来规划和实施化学反应。

化学计量学

平衡化学方程式的系数显示了方程式两边各种物质之间的化学计量比，单位为摩尔。这些化学计量比可用于判断想获得一定量的产物需要多少反应物。

汽车安全气囊充气所需的氮气，是通过以叠氮化钠（NaN_3）粉末为反应物的化学反应生成的。工程师确定好安全气囊所需氮气的精确体积，化学家则通过化学计算得出所需叠氮化钠的质量。

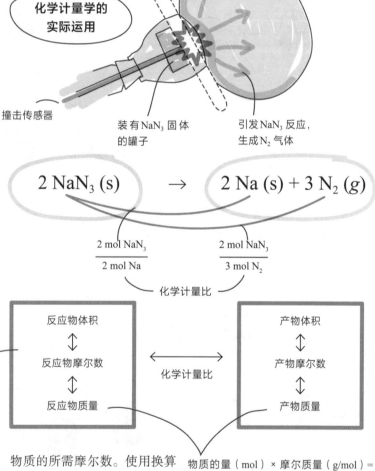

方向盘

安全气囊在 0.03 秒内充气膨胀

化学计量学的实际运用

撞击传感器

装有 NaN_3 固体的罐子

引发 NaN_3 反应，生成 N_2 气体

$$2\ NaN_3\ (s) \rightarrow 2\ Na\ (s) + 3\ N_2\ (g)$$

$$\frac{2\ mol\ NaN_3}{2\ mol\ Na}\qquad \frac{2\ mol\ NaN_3}{3\ mol\ N_2}$$

化学计量比

反应物体积		产物体积
⇕		⇕
反应物摩尔数	化学计量比	产物摩尔数
⇕		⇕
反应物质量		产物质量

物质的量（mol）× 摩尔质量（g/mol）= 质量（g）

安全气囊中化学反应的平衡方程式显示叠氮化钠为 2 mol，但这不一定是真正的所需量，因为 2 mol 反应物可能无法生成所需体积的氮气。化学家可以利用化学计量比得出化学反应中任何物质的所需摩尔数。使用换算系数可以将摩尔这个计量单位转化为其他任何更方便的单位，比如质量单位和体积单位。

限量反应物

化学家并不总能获得满足化学计量比的反应物，这就限制了通过化学反应所能得到的产物的量。最先消耗完的反应物叫作**限量反应物**，它决定了产物的量。

3 个车体和 8 个轮胎仅能装配出 2 辆完整的卡车，轮胎（限量反应物）用完后便无法再装配出更多卡车。装配结束后剩下 1 个车体，在这里车体就是**过量反应物**。

限量反应物的概念在化学中非常重要。它能告诉我们，将限量反应物全部耗尽，所能得到的产物的最大量（**理论产量**）。我们可以根据理论产量调整反应物的用量，以免造成浪费。

当 10 个氢分子与 10 个氧分子发生反应时，由于反应物分子之间的化学计量比为 2∶1，

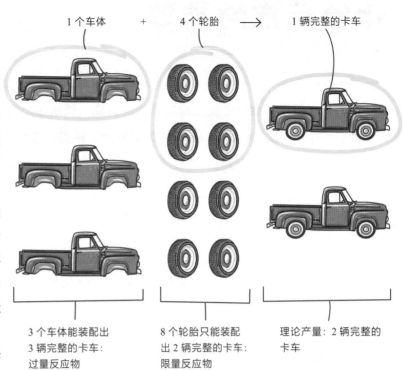

1 个车体 + 4 个轮胎 → 1 辆完整的卡车

3 个车体能装配出 3 辆完整的卡车：过量反应物

8 个轮胎只能装配出 2 辆完整的卡车：限量反应物

理论产量：2 辆完整的卡车

将氢分子完全消耗完仅能生成 10 个水分子。因此，这个反应的理论产量为 10 个水分子。

由于存在实验误差，我们可能无法获得全部反应物，导致实际生成的产物的量（实际产量）减少。例如，如果理论产量为 10 个水分子，而实际产量为 8 个水分子，这就意味着我们最终获得的产物的量比限量反应物允许的最大量少 2 个水分子。在这个例子中，反应产率为 80%。

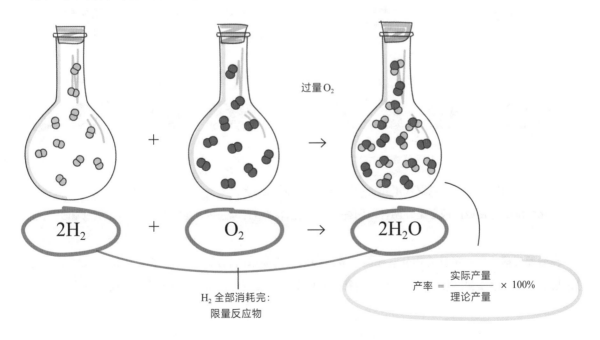

过量 O_2

$2H_2$ + O_2 → $2H_2O$

H_2 全部消耗完：限量反应物

$$产率 = \frac{实际产量}{理论产量} \times 100\%$$

化学反应的类型

所有化学反应都会发生反应物向产物的转化，而所涉及原子的种类不变。不过，反应一旦开始，就可能会以不同的方式进行。根据反应物中原子重排形成产物的机制，可对化学反应进行一般性分类。

在**氧化还原反应**里，反应物中两种不同原子之间发生了电子转移。原子失去电子时发生**氧化**，原子获得电子时发生**还原**。电池就是利用氧化还原反应来产生电能的。

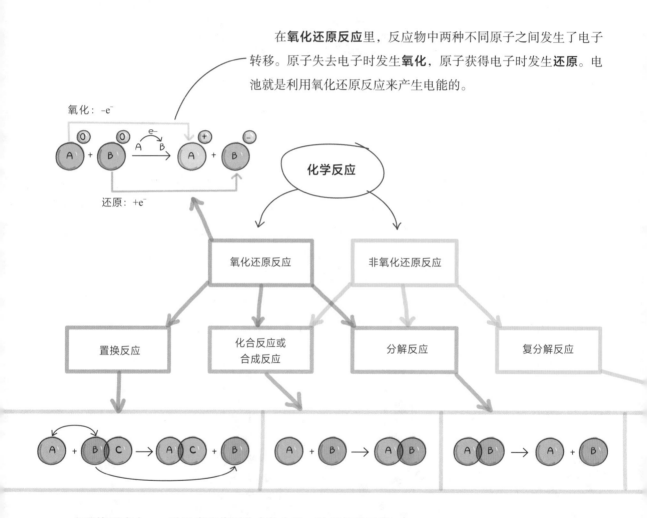

在**置换反应**中，一种元素取代了化合物中另一种相似的元素。

在**化合反应（合成反应）**中，两种或两种以上的化合物结合成一种新的物质。例如，氢气和氧气通过化合反应生成水。

在**分解反应**中，一种化合物分解成两种或两种以上更简单的物质。例如，叠氮化钠（NaN_3）经过分解反应生成钠单质和氮气，汽车安全气囊就是利用了这个反应。

我们的日常生活中存在着各种类型的化学反应。其中有些是生命必需的反应，有些反应则能使我们的生活更便利或为我们提供娱乐消遣。

光合作用为植物提供生存所需的营养，同时生成氧气、净化空气。这个反应由阳光催化，大气中的二氧化碳与水反应生成葡萄糖（$C_6H_{12}O_6$）。

燃料的**燃烧反应**产生热能和机械能。碳氢化合物包含碳元素与氢元素，与氧气反应生成水、二氧化碳，并产生热量。辛烷（C_8H_{18}）是汽油的主要成分，它的燃烧能为车辆提供所需的能量。

洗手

光合作用

燃烧

氧气

锈蚀

生活中的化学反应

烘焙

电池

发酵

消化

碱性电池中发生氧化还原反应，将化学能转化为电能。

发酵时，水果或谷物里的葡萄糖在酶的催化下转化成酒精和二氧化碳。

在**复分解反应**中，两种离子化合物中的阳离子和阴离子交换位置，形成两种新的离子化合物。这类反应通常发生在水溶液中。

泡打粉一般是固体酸和碳酸氢钠（$NaHCO_3$）等碱性膨松剂的混合物。烘焙时，将干性材料和湿性材料混合，就会发生反应，生成二氧化碳，令食物蓬松起来。

回顾

化学方程式
用化学符号表示化学变化

配平
对化学方程式运用质量守恒定律

化学计量数
各种物质的摩尔数

O_2

CO_2

C

化学方程式的书写与配平

化学反应与化学计量：
亲兄弟，明算账

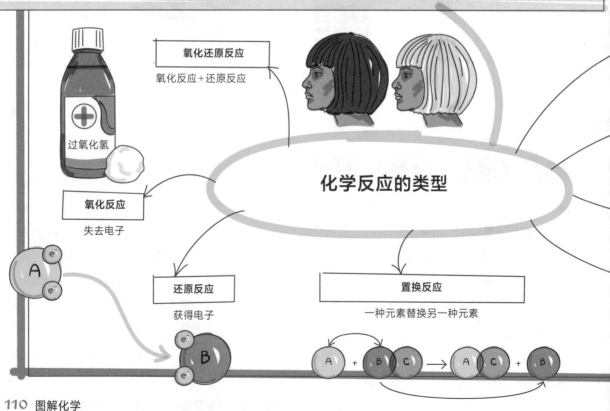

氧化还原反应
氧化反应+还原反应

过氧化氢

氧化反应
失去电子

化学反应的类型

A
e^-
e^-

还原反应
获得电子

置换反应
一种元素替换另一种元素

e^-
B
e^-

A + B C → A C + B

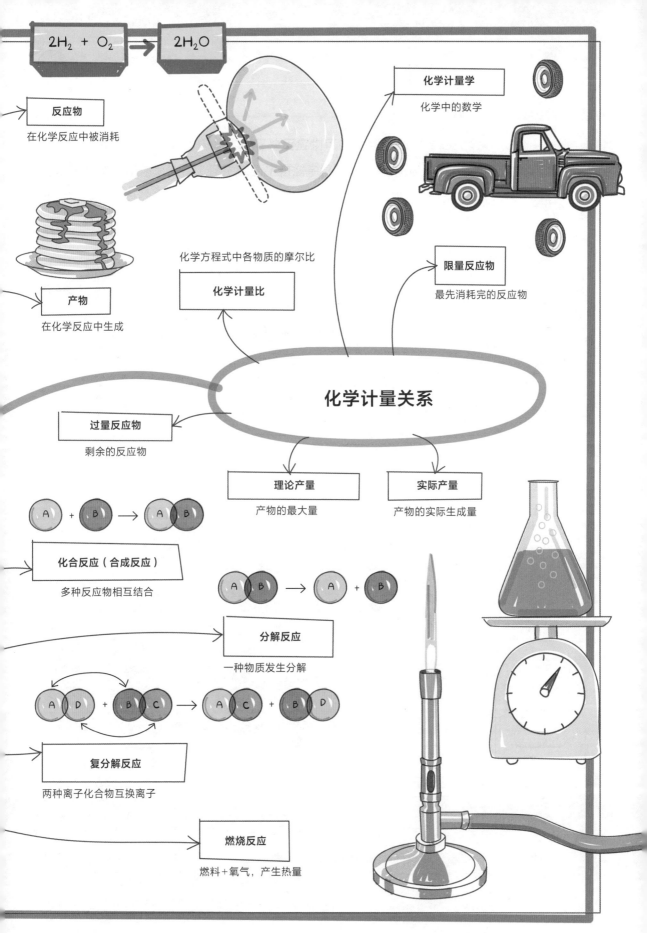

$2H_2 + O_2 \longrightarrow 2H_2O$

反应物

在化学反应中被消耗

产物

在化学反应中生成

化学计量学

化学中的数学

化学方程式中各物质的摩尔比

化学计量比

限量反应物

最先消耗完的反应物

化学计量关系

过量反应物

剩余的反应物

理论产量

产物的最大量

实际产量

产物的实际生成量

化合反应（合成反应）

多种反应物相互结合

分解反应

一种物质发生分解

复分解反应

两种离子化合物互换离子

燃烧反应

燃料+氧气，产生热量

第 9 章

溶液化学：
生命活动离不开的过程

溶液是包含两种或两种以上组分的均匀混合物。化学能够应用于生物学、实验室和工业领域，溶液在其中起着十分关键的作用。我们呼吸的空气、喝下的液体、血管里的血液及身体的体液都是溶液。水溶液的成分之一是水，水是许多维持生命的重要化学反应与生物反应的介质。例如，我们肺里的氧气与红细胞里的血红蛋白结合，被运输到身体各处的组织。假如没有溶液化学，这个重要的生理过程就无法进行。

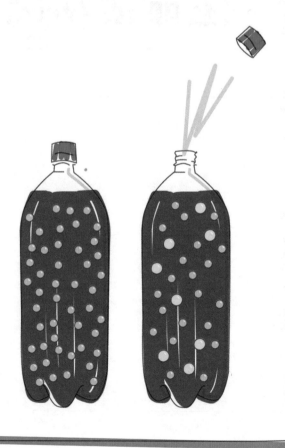

溶液类型

溶液是包含两种或两种以上组分的单相混合物（液相、固相或气相），其中所有分子皆均匀分布。溶液的相由量最大的组分（**溶剂**）决定，其他组分则为**溶质**，也就是溶解在溶剂中的物质。溶剂和溶质粒子的性质决定了溶液的特征，不过，化学中最常见的还是水溶液。我们可以根据**相似相溶**原理来制备溶液。

气态溶液

在气态溶液中，溶剂和溶质分子均为气相。空气、天然气及潜水员所用储气瓶里的气体混合物，都是日常生活中常见的气态溶液。

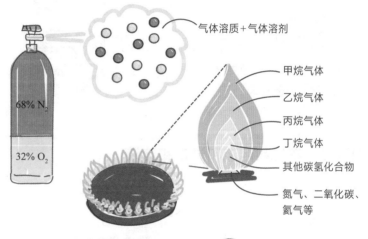

气体溶质+气体溶剂

68% N_2

32% O_2

甲烷气体
乙烷气体
丙烷气体
丁烷气体
其他碳氢化合物
氮气、二氧化碳、氦气等

液态溶液

在液态溶液中，溶剂为液相，溶质可以是固相、液相或气相。化学中最常见的就是固态溶质的液态溶液。

碳酸水（苏打水）是气态的二氧化碳溶于液态水形成的。这种类型的溶液并不稳定，因为气态溶质始终有从溶液中逃逸的倾向。这就是碳酸饮料需要低温保存的原因。

医疗中经常使用盐水。盐水溶液中水为溶剂，氯化钠为溶质。对于此类溶液，溶质必须**可溶**于溶剂。

外用酒精是一种液态溶液，它的溶质和溶剂在混合之前均为液体。注意，溶液中的液体成分必须能够**混溶**（组分之间能够相互溶解）。

苏打水

气态溶质+液态溶剂

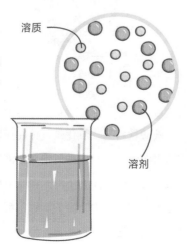

溶质

溶剂

盐水

固态溶质+液态溶剂

外用酒精

液态溶质+液态溶剂

固态溶液

固态溶液中的溶质和溶剂均为固相。在合金中，两种固体金属成分混合在一起形成均匀混合物。例如，钢是铁（溶剂）和碳（溶质）的混合物。

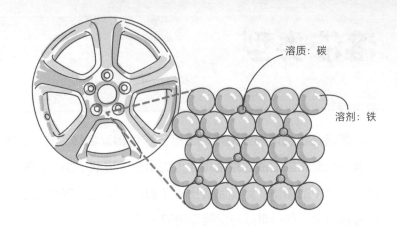

溶质：碳

溶剂：铁

浓溶液与稀溶液

我们可以根据溶液中溶质的量，对溶液进行分类。相对溶剂而言，溶质量较多的为**浓溶液**，而溶质量较少的为**稀溶液**。

溶剂　　溶质

浓溶液

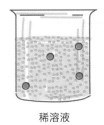

稀溶液

饱和溶液、不饱和溶液和过饱和溶液

在一定温度下，一定量的溶剂能够溶解的溶质的量是有限的。在**不饱和溶液**中，溶质还能够继续溶解。

在**饱和溶液**中，溶剂的溶解能力达到最大值。在这种情况下，继续加入溶质将无法溶解，会沉积在溶液底部。

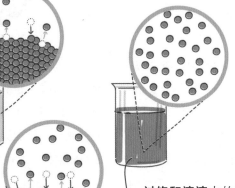

过饱和溶液中的溶质多于饱和溶液，溶剂的溶解能力已超过最大限度，这种类型的溶液是不稳定的。

碳酸饮料是二氧化碳气体在压力下溶于水而形成的水溶液。它是一种过饱和溶液。开启碳酸饮料的瓶盖时，瓶中压力下降。由于溶液中的二氧化碳超过了在较低压力下溶剂能够溶解的量，过量的二氧化碳便会逸出。

溶液、胶体和悬浮液

溶液中溶质的平均粒子直径小于 1 纳米（1 nm = 1.0×10^{-9} m）。因为溶质粒子很小，所以溶液均匀一致（均一性），不会分层。

悬浮液

溶液

溶剂

溶质（粒子直径 < 1 nm）

溶剂

溶质（粒子直径 > 100 nm）

悬浮液（也称悬浊液）中溶质粒子的直径大于 100 nm。悬浮液外观浑浊，久置会分层，并且会有固体粒子沉降，就像橙汁静置后果肉会沉到容器底部一样。

胶体中溶质粒子的直径在 1 到 100 nm 之间，较大的粒子使胶体看上去较为浑浊。例如，牛奶就是一种胶体，微小的乳脂球分散在液体之中。胶体久置不会沉淀。

胶体

溶剂

溶质（粒子直径为 1~100 nm）

丁达尔效应

胶体、悬浮液或空气中的粒子使光束发生散射，这种现象被称为**丁达尔效应**。丁达尔效应受到粒子大小的影响。

在溶液中，溶质粒子太小而无法散射光线，所以不会发生丁达尔效应。一束光线会直接穿过溶液。然而，当光通过溶质粒子更大的胶体和悬浮液时，就会被溶质粒子散射，产生可见的"光路"，出现丁达尔效应。阳光照进房间时，被空中的灰尘颗粒散射，也是一样的原理。

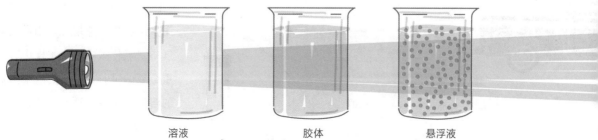

溶液　　　　　胶体　　　　　悬浮液

溶液浓度

溴液浓度能够衡量有多少溶质溶解于一定量的溶剂或溶液，可以用不同方式定量表示。溶液中溶质的量是可变的，取决于制备溶液的目的。例如，许多化学反应在溶液中进行，在这种情况下，确定溶质的量对于化学计量十分重要。

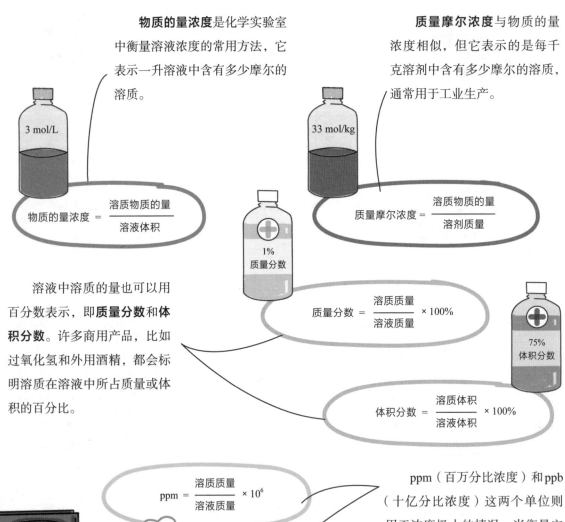

物质的量浓度是化学实验室中衡量溶液浓度的常用方法，它表示一升溶液中含有多少摩尔的溶质。

质量摩尔浓度与物质的量浓度相似，但它表示的是每千克溶剂中含有多少摩尔的溶质，通常用于工业生产。

$$物质的量浓度 = \frac{溶质物质的量}{溶液体积}$$

$$质量摩尔浓度 = \frac{溶质物质的量}{溶剂质量}$$

溶液中溶质的量也可以用百分数表示，即**质量分数**和**体积分数**。许多商用产品，比如过氧化氢和外用酒精，都会标明溶质在溶液中所占质量或体积的百分比。

$$质量分数 = \frac{溶质质量}{溶液质量} \times 100\%$$

$$体积分数 = \frac{溶质体积}{溶液体积} \times 100\%$$

$$ppm = \frac{溶质质量}{溶液质量} \times 10^6$$

$$ppb = \frac{溶质质量}{溶液质量} \times 10^9$$

ppm（百万分比浓度）和ppb（十亿分比浓度）这两个单位则用于浓度极小的情况。当衡量空气中二氧化碳的量或水样中有毒重金属的量时，由于溶液中溶解的溶质非常少，通常会用ppm或ppb作为单位。

溶液的制备

我们配制溶液时，需要先根据目标溶液的浓度，确定溶质的质量或体积。然后，将溶质与溶剂混合，从而得到溶液。

配制储备溶液

储备溶液是一种高浓度标准溶液。制备储备溶液先要量取所需量的溶质。根据所制备的溶液，溶质的量可以是质量，也可以是体积。

然后将溶质转移至度量容器，比如容量瓶。这是一种专为配制一定体积的溶液而设计的细颈玻璃瓶，颈上有标明其容积的标线。

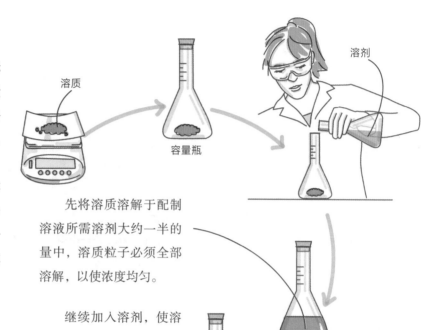

溶质

溶剂

容量瓶

先将溶质溶解于配制溶液所需溶剂大约一半的量中，溶质粒子必须全部溶解，以使浓度均匀。

继续加入溶剂，使溶液达到最终体积，并获得所需的浓度。

储备溶液

稀释

溶液也可以通过稀释储备溶液来配制。**连续稀释法**是指通过向已知浓度的储备溶液中加入不同量的溶剂，实现不同的稀释比。

储备溶液

稀释溶液会导致溶液体积增加、浓度减小，因为加入了更多的溶剂。化学家依据体积与物质的量浓度间的比例关系来稀释储备溶液。

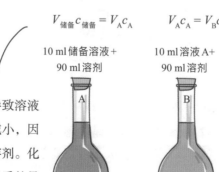

$$V_{储备}c_{储备} = V_A c_A$$

10 ml储备溶液+
90 ml溶剂

A

1:10 稀释

$$V_A c_A = V_B c_B$$

10 ml溶液A+
90 ml溶剂

B

1:100 稀释

$$V_B c_B = V_C c_C$$

10 ml溶液B+
90 ml溶剂

C

1:1 000 稀释

溶解度

物质在溶剂中溶解的能力被称为**溶解度**。溶质会在溶剂中溶解至饱和点，即溶剂所能容纳溶质的最大量。这从根本上取决于溶剂和溶质分子的物理化学性质（相似相溶），也与温度、压力等环境条件及其他物质有关。

溶剂化

如果溶质与溶剂分子之间的吸引力强于溶质粒子相互结合的力，溶质就会溶解于溶剂。溶剂分子包围着溶质粒子，并将其拉入溶液，这个过程被称为**溶剂化**。

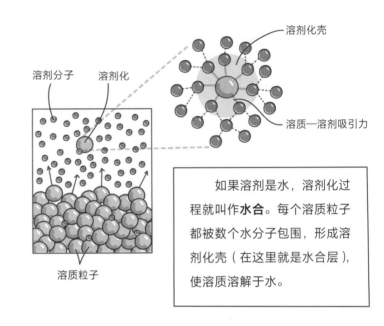

溶剂分子　溶剂化

溶质粒子

溶剂化壳

溶质—溶剂吸引力

如果溶剂是水，溶剂化过程就叫作**水合**。每个溶质粒子都被数个水分子包围，形成溶剂化壳（在这里就是水合层），使溶质溶解于水。

溶解平衡

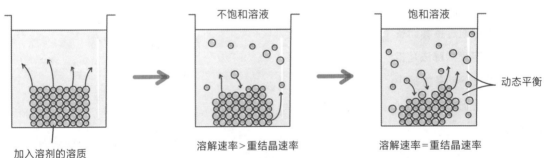

加入溶剂的溶质

不饱和溶液

溶解速率＞重结晶速率

饱和溶液

动态平衡

溶解速率＝重结晶速率

由于溶质粒子溶解在溶液中会与多个溶剂分子结合，一定体积的溶剂能够溶解的溶质粒子数量是有限的。如果超过这个限度，溶质就会发生重结晶或沉淀。

当溶质第一次加入溶剂时，溶剂化过程就开始了。

只要溶液仍处于不饱和状态，即溶解速率大于重结晶或沉淀速率，溶剂化过程就会继续进行。

当达到最大溶解量时，溶解速率等于重结晶速率。如果单位时间内溶解的溶质粒子数量与重结晶而析出溶液的溶质粒子数量相等，此时就可以说溶液达到了**动态溶解平衡**。

温度的影响

固体和液体的溶解度通常会随温度升高而增大。温度较高时，分子动能更大，促进了溶质与溶剂之间的相互作用。

由于分子运动速度加快，溶质粒子的分子间力减弱，溶解度增加。这就是为什么热咖啡能比冷咖啡溶解更多的糖。

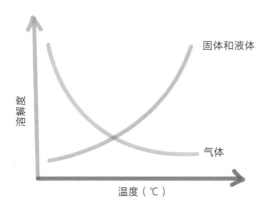

温度上升时，液态溶液中气体的溶解度减小。在较高温度下，分子运动速度加快，气体分子更容易从液体中逸出，导致溶解度减小。这就是为什么冰镇的碳酸饮料口感更好。

压力的影响

固体和液体的溶解度不会受到压力的影响，但就气体而言，高压下的溶解度更大。当溶液上方的压力增加时，气体分子会被压入液相，这意味着更多的气体分子会溶解在溶液中。

碳酸饮料在高压下装瓶，使二氧化碳溶于水。开启瓶盖时我们会听到一阵嘶嘶声，这是因为瓶内的压力降低，而在低压条件下气体的溶解度变小，已溶解的二氧化碳便会逸出液相。

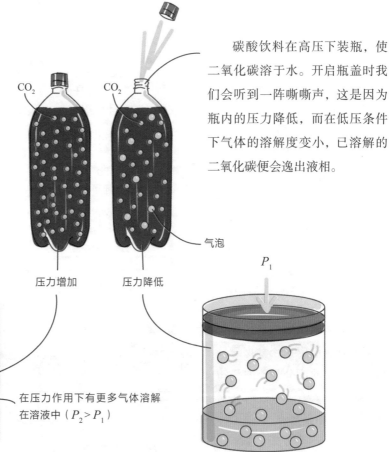

CO_2

CO_2

气泡

P_2

P_1

压力增加

压力降低

在压力作用下有更多气体溶解在溶液中（$P_2 > P_1$）

溶解度规律

离子化合物的溶解度较高，是因为电解质溶液中存在着强离子—偶极力。然而，并非所有的离子化合物都可溶于水。一些离子化合物维持自身完整的力很强，与水混合后不易解离，以致不溶于水。化学家总结出了一系列**溶解度规律**，可以根据溶解度特征快速识别化合物。

包含某些特定阳离子和阴离子的离子化合物都是可溶的，比如元素周期表中IA族的阳离子化合物无一例外。

某些离子组成的化合物绝大多数是可溶的，但也有少数不可溶的例外情况。比如，大多数含氯（Cl^-）化合物都是可溶的，只在Cl^-与Ag^+、Pb^{2+}或Hg_2^{2+}结合时是不可溶的。

许多氢氧化物（含OH^-）都是不可溶的，但氢氧化镁能够微溶于水。它是镁乳中的有效成分，可用于治疗胃酸反流。

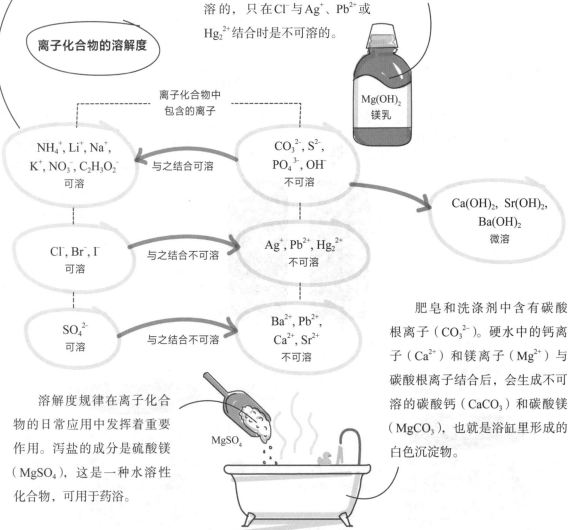

离子化合物的溶解度

离子化合物中包含的离子

NH_4^+, Li^+, Na^+, K^+, NO_3^-, $C_2H_3O_2^-$
可溶

CO_3^{2-}, S^{2-}, PO_4^{3-}, OH^-
不可溶

与之结合可溶

$Mg(OH)_2$
镁乳

$Ca(OH)_2$, $Sr(OH)_2$, $Ba(OH)_2$
微溶

Cl^-, Br^-, I^-
可溶

与之结合不可溶

Ag^+, Pb^{2+}, Hg_2^{2+}
不可溶

SO_4^{2-}
可溶

与之结合不可溶

Ba^{2+}, Pb^{2+}, Ca^{2+}, Sr^{2+}
不可溶

$MgSO_4$

溶解度规律在离子化合物的日常应用中发挥着重要作用。泻盐的成分是硫酸镁（$MgSO_4$），这是一种水溶性化合物，可用于药浴。

肥皂和洗涤剂中含有碳酸根离子（CO_3^{2-}）。硬水中的钙离子（Ca^{2+}）和镁离子（Mg^{2+}）与碳酸根离子结合后，会生成不可溶的碳酸钙（$CaCO_3$）和碳酸镁（$MgCO_3$），也就是浴缸里形成的白色沉淀物。

沉淀反应

沉淀反应是指两种可溶于水的化合物混合生成不可溶的化合物。例如，碘化钾（KI）与硝酸铅〔$Pb(NO_3)_2$〕是两种可溶性化合物，但当它们的水溶液混合时，就会形成不溶于水的碘化铅（PbI_2）黄色沉淀。

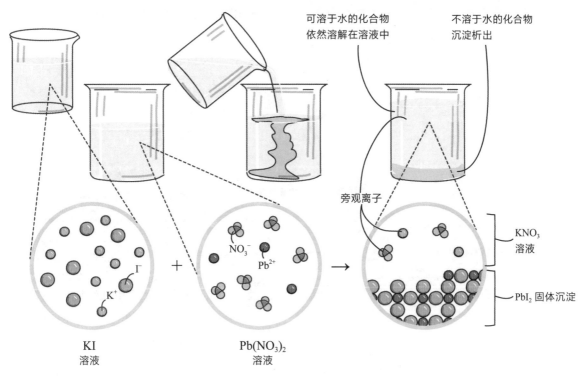

可溶于水的化合物依然溶解在溶液中

不溶于水的化合物沉淀析出

旁观离子

NO_3^-

Pb^{2+}

I^-

K^+

KNO_3 溶液

PbI_2 固体沉淀

KI 溶液

$Pb(NO_3)_2$ 溶液

这个**分子方程式**表述了混合两种水溶液时发生的复分解反应。

$$2KI\,(aq) + Pb(NO_3)_2\,(aq) = PbI_2\,(s) + 2KNO_3\,(aq)$$

该反应的**全离子方程式**能够更好地展现溶液中实际存在的粒子。所有可溶的化合物都以溶剂化离子的形式表示[①]；沉淀无法溶解成离子，所以用化合物形式书写。

$$2K^+\,(aq) + 2I^-\,(aq) + Pb^{2+}\,(aq) + 2NO_3^-\,(aq) = PbI_2\,(s) + 2K^+\,(aq) + 2NO_3^-\,(aq)$$

$$Pb^{2+}\,(aq) + 2I^-\,(aq) = PbI_2\,(s)$$

净离子方程式只显示参与沉淀形成的离子，其他所有不参与固体或气体产物形成的离子为**旁观离子**，不出现在方程式中。在上面的反应中，K^+ 和 NO_3^- 均为旁观离子。

---

① 中学化学中，一般不在可溶化合物的离子后括注"aq"。——编者注

溶液的依数性

依数性的英文单词colligative来源于拉丁文中的*colligatus*，意为"紧密相连"。溶液的依数性只与溶质粒子的数量有关，与溶质的化学特性无关。这类性质表明，纯溶剂和溶液的分子环境并不相同。

蒸气压降低

密闭容器中，液体表面的分子逸出到气相，会在液面上方产生压强。纯液体的**蒸气压**是指蒸气与液体达到相变的动态平衡时所施加的压力。室温下蒸气能施加多少压力，与液相的分子间力大小密切相关——液体的分子间力越弱，蒸气压越高。

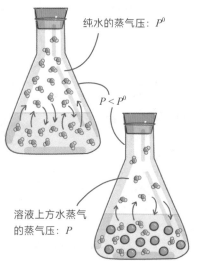

纯水的蒸气压：P^0

$P < P^0$

溶液上方水蒸气的蒸气压：P

当非挥发性溶质溶解于纯溶剂时，蒸气压降低，因为溶质分子的存在破坏了液体的分子结构。由于溶质—溶剂吸引力强于溶剂—溶剂吸引力，能够逸出到气相的液体分子变少，导致溶液的蒸气压降低，低于纯溶剂的蒸气压。

冰点降低

冰点降低是指溶液的冰点温度低于纯溶剂的冰点温度的现象。

盐水溶液中存在的离子阻断了纯水结冰需形成的六角形结构，导致盐水的冻结温度低于 0 ℃。水中存在的离子越多，冰点越低。

因此，相比非电解质，含有大量离子的电解质更能降低水溶液的冰点。这就是为什么冬天时我们会将盐撒在结冰的路面上。

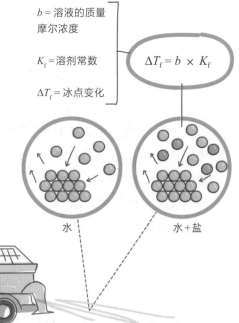

b = 溶液的质量摩尔浓度

K_f = 溶剂常数

ΔT_f = 冰点变化

$$\Delta T_f = b \times K_f$$

水

水 + 盐

沸点升高

因为溶质—溶剂吸引力强于溶剂—溶剂吸引力，相比纯溶剂，溶液沸腾所需的能量更多。沸腾开始的标志是，液面上方的蒸气压与大气压相等。然而，由于溶液的蒸气压低于纯溶剂，需要更多分子进入气相，使蒸气压达到大气压，才能使溶液沸腾。这个过程所需达到的温度也更高。溶液比纯溶剂的沸点更高，这种现象叫作**沸点升高**。

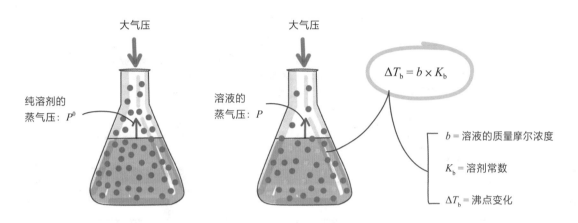

大气压

大气压

纯溶剂的
蒸气压：P^0

溶液的
蒸气压：P

$$\Delta T_b = b \times K_b$$

b = 溶液的质量摩尔浓度

K_b = 溶剂常数

ΔT_b = 沸点变化

渗透压

溶剂从稀溶液向浓溶液转移的过程叫作**渗透**。浓盐水通常用于治疗便秘，因为这种溶液通过肠道时会吸收周围组织中的水分，从而达到缓解症状的效果。

我们可以将肠道壁理解为一个渗透池，其中有一层半透膜结构，能将稀溶液与浓溶液分隔开。溶剂分子可以穿过半透膜，溶质粒子则无法穿过。一段时间后，由于溶剂转移到了浓溶液中，稀溶液中的液体量减少。两边的液位差被称为**渗透压**。

对浓溶液施加外部压力可以逆转溶剂的流向，使溶剂从浓溶液向稀溶液一侧移动。这个过程叫作**反渗透**，它是海水淡化工艺的基础。

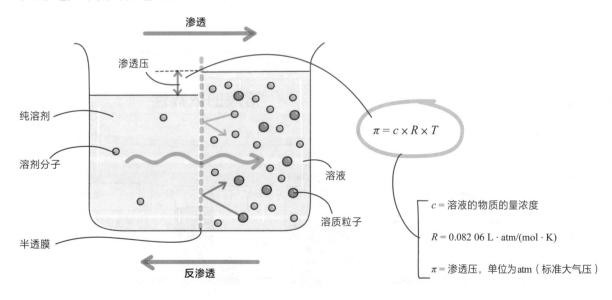

渗透

渗透压

纯溶剂

溶剂分子

半透膜

反渗透

溶液

溶质粒子

$$\pi = c \times R \times T$$

c = 溶液的物质的量浓度

$R = 0.082\,06\ \text{L} \cdot \text{atm}/(\text{mol} \cdot \text{K})$

π = 渗透压，单位为 atm（标准大气压）

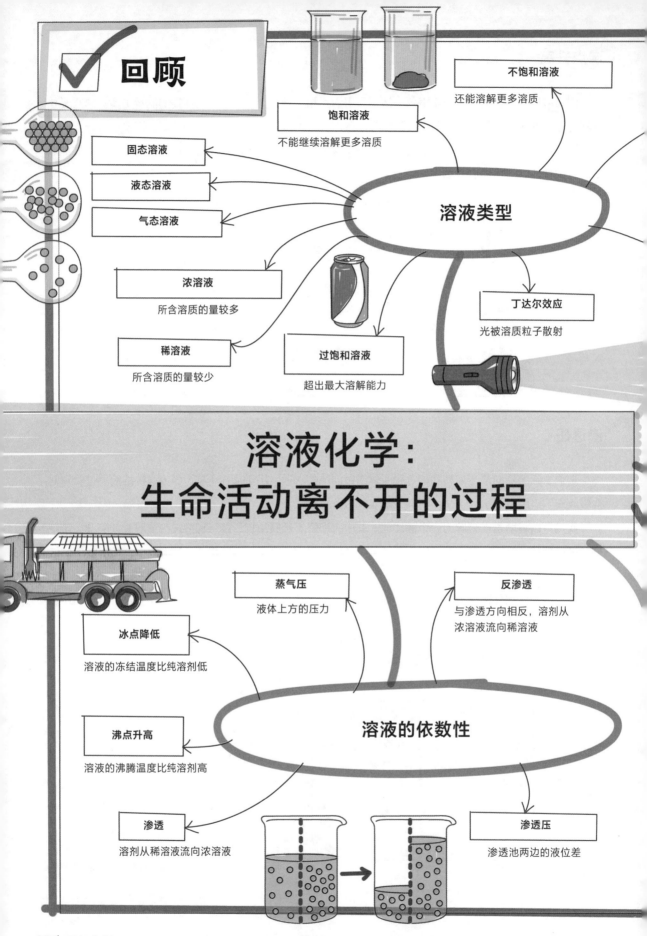

不饱和溶液

还能溶解更多溶质

饱和溶液

不能继续溶解更多溶质

固态溶液

液态溶液

气态溶液

溶液类型

浓溶液

所含溶质的量较多

丁达尔效应

光被溶质粒子散射

稀溶液

所含溶质的量较少

过饱和溶液

超出最大溶解能力

溶液化学：
生命活动离不开的过程

蒸气压

液体上方的压力

反渗透

与渗透方向相反，溶剂从浓溶液流向稀溶液

冰点降低

溶液的冻结温度比纯溶剂低

沸点升高

溶液的沸腾温度比纯溶剂高

溶液的依数性

渗透

溶剂从稀溶液流向浓溶液

渗透压

渗透池两边的液位差

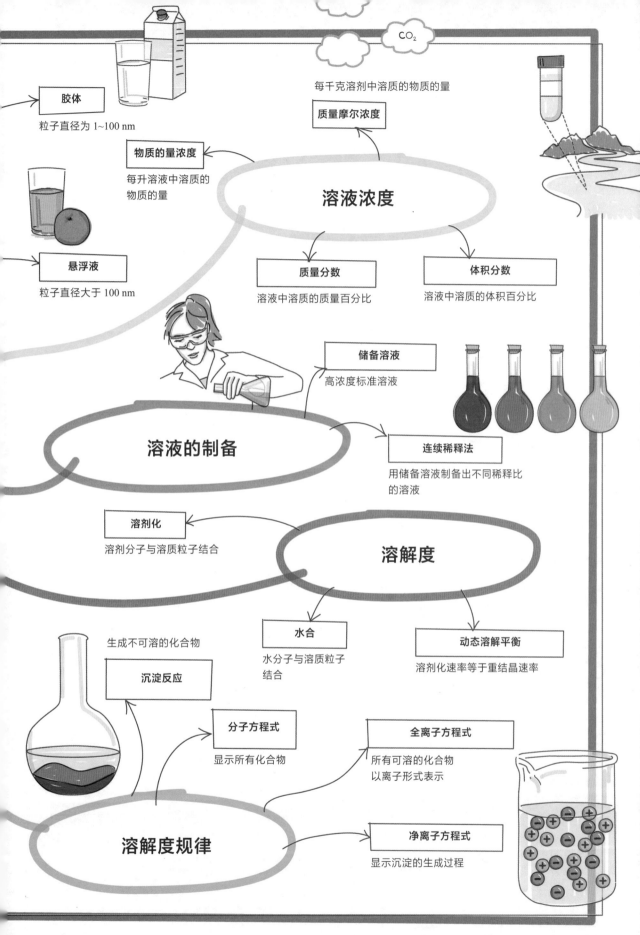

CO₂

胶体

粒子直径为 1~100 nm

每千克溶剂中溶质的物质的量

质量摩尔浓度

物质的量浓度

每升溶液中溶质的
物质的量

溶液浓度

悬浮液

粒子直径大于 100 nm

质量分数

溶液中溶质的质量百分比

体积分数

溶液中溶质的体积百分比

储备溶液

高浓度标准溶液

溶液的制备

连续稀释法

用储备溶液制备出不同稀释比
的溶液

溶剂化

溶剂分子与溶质粒子结合

溶解度

生成不可溶的化合物

沉淀反应

水合

水分子与溶质粒子
结合

动态溶解平衡

溶剂化速率等于重结晶速率

分子方程式

显示所有化合物

全离子方程式

所有可溶的化合物
以离子形式表示

溶解度规律

净离子方程式

显示沉淀的生成过程

第 10 章

气体：
理想状态下的普适理论

气体是物质的三种基本物理状态之一。相比液体和固体，气体最显著的特征是粒子之间距离很远，并且没有固定的形状或体积。大多数气体是肉眼不可见的，但从分子角度了解它们在不同条件下的行为模式，对许多化学家和其他科学家的工作具有重要意义。纯气体可能包含单个原子（He，Ne）、同种原子构成的分子（H_2，N_2，O_2）或者不同种原子构成的分子（CO_2，SO_2），但更常见的是包含两种或两种以上纯气体的混合物。例如，我们最熟悉的气体是地球上的空气，它就是一片混合了多种气体的巨大"海洋"。

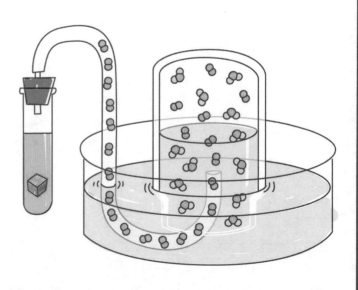

分子动理论

分子动理论用物质的粒子性来解释气体的特性。该理论的基础是，气体粒子在容器内做永不停息的无规则运动，由此产生各类物理性质，比如温度、压强和体积。尽管这种描述与真正的气体行为相去甚远，但其基本理念具有普适性。

基本假设

★ 气体粒子之间没有吸引力或排斥力，其相互作用力可忽略不计。

★ 气体粒子、原子和分子之间的距离远大于其自身大小，所以气体粒子的体积可忽略不计。

★ 气体粒子在容器内做永不停息的无规则运动，这种运动叫作**布朗运动**。由于具有这种特性，气体粒子会不断相互碰撞，以及碰撞容器壁。

★ 气体粒子碰撞时不会损失能量，这种粒子碰撞被称为**弹性碰撞**。粒子彼此交换能量，但总能量保持不变。

★ 在相同温度下，所有气体都拥有相同的动能。气体的平均动能与开尔文温度成正比。

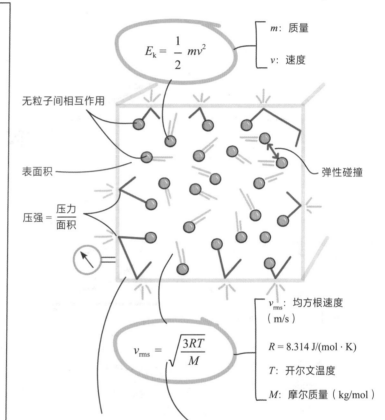

$$E_k = \frac{1}{2} mv^2$$

m：质量
v：速度

无粒子间相互作用

表面积

$$压强 = \frac{压力}{面积}$$

弹性碰撞

$$v_{rms} = \sqrt{\frac{3RT}{M}}$$

v_{rms}：均方根速度（m/s）
$R = 8.314 \, J/(mol \cdot K)$
T：开尔文温度
M：摩尔质量（kg/mol）

气体粒子碰撞容器壁产生**压强**，即单位面积容器壁受到气体粒子的压力。将压力计连接于容器壁，就能很容易地测出压强。

容器内气体分子的平均运动速度用**均方根速度**表示。气体速度的计算涉及温度和摩尔质量，这是决定气体分子运动速度的两个主要因素。由此可见，速度与开尔文温度成正比，与摩尔质量成反比。

气体定律

气体定律描述了气体在不同的温度（T）、压强（P）、体积（V）和物质的量（n）条件下的行为特点。这四种基本性质相互关联，当其中一种发生改变时，其他性质也会变化。简单的气体定律阐释了当两种基本性质保持不变时，其他两种性质在某一时刻的关系。简单的气体定律组合起来就构成了**理想气体定律**。

我们乘坐飞机时耳朵会有压迫感，这种现象也可以用波义耳定律来解释。高空中的气压比海平面处低得多。在飞行过程中的低压下，鼓膜会膨胀，以增加耳内的空气体积。为了减轻乘客的不适感，飞机座舱会适当增压。

波义耳定律

波义耳定律描述了在温度与物质的量保持不变的情况下，气体体积与压强之间的关系。

分子动理论指出，与气体粒子之间的距离相比，粒子的大小可以忽略不计。因此，在温度不变的情况下，如果一定量的气体被装进更小的容器中，那么粒子之间的距离会更近。粒子间及粒子与容器壁之间的碰撞频率随之增加，导致压强升高。

$$P_1V_1 = P_2V_2$$

体积

压强

波义耳定律清楚地表明了压强与体积成反比关系：当一方升高时，另一方就会下降。

气泡体积

	压强	深度
100%	1 atm	海平面
50%	2 atm	10 m
33%	3 atm	20 m
25%	4 atm	30 m
20%	5 atm	40 m
17%	6 atm	50 m

波义耳定律在全世界有广泛的应用。例如，潜水员在水中上浮或下潜时需要格外注意。下潜时，由于上方的水量增多，潜水员会感到水压变大，增加的压力会减少潜水员肺部空气的体积。当潜水员上浮至水面时，情况则相反。身体里空气体积的变化可能造成极大的危险，这就是为什么潜水运动必须借助专业设备，并且受到严格监管。

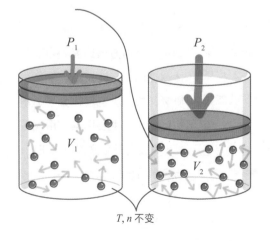

P_1 P_2

V_1 V_2

T, n不变

查尔斯定律

查尔斯定律阐释了在压强和物质的量保持不变的情况下，气体的温度与体积之间的关系。气体粒子的平均动能会随温度的升高而增大。为使压强保持不变，随着分子运动速度变快，气体的体积要增大。

当温度降低时，体积随之减小。理论上体积最终会降至零，此时对应着开尔文温标下的**绝对零度**。

热气球能够飘浮是因为它里面的空气受热膨胀，在体积增大的同时密度减小。

根据查尔斯定律，在压强恒定、气体量不变的情况下，温度与体积成正比。

$$\frac{V_1}{T_1} = \frac{V_2}{T_2}$$

体积

温度（K）

绝对零度 = −273.15 ℃ = 0 K

V_1, T_1

V_2, T_2

气球浸在冰水中

气球浸在沸水中

阿伏伽德罗定律

根据阿伏伽德罗定律，在温度与压强不变的情况下，气体的体积与物质的量成正比。我们给气球充气时就能直观地感受到：气球里的气体越多，气球的体积越大。

阿伏伽德罗定律的一个重要结论是，在标准状态下（0℃，1 atm），物质的量为 1 mol 的任何气体，其体积均为 22.4 L。

氦

$$\frac{V_1}{n_1} = \frac{V_2}{n_2}$$

体积

物质的量

1 mol He

V = 22.4 L

P = 1 atm

T = 273.15 K

1 mol NH$_3$

V = 22.4 L

P = 1 atm

T = 273.15 K

1 mol O$_2$

V = 22.4 L

P = 1 atm

T = 273.15 K

盖吕萨克定律

盖吕萨克定律是指在气体的体积与物质的量不变的情况下，定量气体的压强与开尔文温度成正比。

高压锅能够更快速地烹煮食物，这是因为在体积固定不变的锅内，蒸汽的温度远高于大气压下的普通蒸汽。高压锅内的温度升高会导致

压力大幅上升，所以使用时要格外小心。锅盖上的泄压阀可以释放出一部分蒸汽，以免锅内压力过高。

$$\frac{P_1}{T_1} = \frac{P_2}{T_2}$$

压强（纵轴）

温度（K）

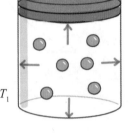

P_1, T_1

P_2, T_2

理想气体定律

将这四条简单的气体定律结合起来，就能得到**理想气体定律**。理想气体定律涵盖了气体基本性质之间的所有相互关系。

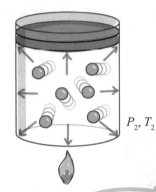

$$P_1V_1 = P_2V_2$$

$$\frac{V_1}{n_1} = \frac{V_2}{n_2}$$

$$PV = nRT$$

$$\frac{V_1}{T_1} = \frac{V_2}{T_2}$$

$$\frac{P_1}{T_1} = \frac{P_2}{T_2}$$

$$R = 0.082\ 06\ \frac{L \cdot atm}{mol \cdot K}$$

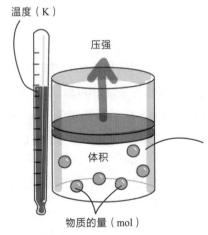

温度（K）

压强

体积

物质的量（mol）

R是普适气体常数，它的数值是固定的。

从理想气体方程可以看出，当气体的一种性质发生变化时，其他性质也会随之改变。已知气体的压强、温度、体积和物质的量，就能确定气体的完整状态。因此，理想气体方程也被称为**状态方程**。

组合气体定律

组合气体定律描述了密闭容器中一定量气体的压强、温度与体积之间的关系。我们可以从中推断出，当环境条件改变时，气体的性质会发生什么变化。

气象气球是一种升空器具，其内充入氦气，用于收集气压、温度、风速等大气数据。氦气的密度比空气小，因此气象气球能携带仪器上升到不同高度。不同高度的气温和压强存在差异，会导致气球的大小发生变化。

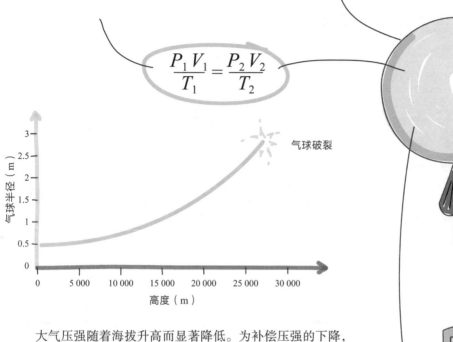

$$\frac{P_1 V_1}{T_1} = \frac{P_2 V_2}{T_2}$$

气球破裂

降落伞

仪器收集数据

$$密度 = \frac{PM}{RT}$$

大气压强随着海拔升高而显著降低。为补偿压强的下降，气象气球中的氦气体积会膨胀。气球在上升过程中持续变大，直到在约 27 000 米高度处破裂。测量仪器则依靠降落伞安全返回地面。

气体密度

气体的密度可以由理想气体定律推算出来，与其摩尔质量（M）成正比：气体质量越大，密度越高。在室温、大气压环境下，摩尔质量为 29 g/mol 的空气密度为 1.18 g/L，4 g/mol 的氦气密度约为 0.16 g/L。由于氦气与空气之间存在较大的密度差，充以氦气的气象气球能携带测量仪器上升到高空。气球的大小会根据其预期载荷来设计。

混合气体

我们在生活中接触的许多气体都不是纯气体，比如，空气是氧气、氮气、二氧化碳、氩气及其他微量气体的混合物。混合气体的每种成分都要单独对待，因为根据分子动理论，气体粒子的大小可忽略不计，各组分之间没有相互作用。由此也可以得出，混合气体的所有组分的体积和温度都相同，但压强有可能不同，这取决于各组分的量。

道尔顿定律

混合气体中某一组分的压强被称为该组分的**分压**。道尔顿定律表明，混合气体的总压强是其所有组分的分压之和。

混合气体中某一组分的分压等于其**摩尔分数**（x）与总压强的乘积。摩尔分数是一种组分的物质的量与混合气体总物质的量之比。

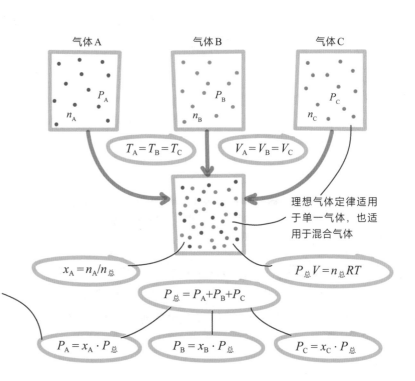

气体 A　　气体 B　　气体 C

$T_A = T_B = T_C$　　$V_A = V_B = V_C$

理想气体定律适用于单一气体，也适用于混合气体

$x_A = n_A/n_总$　　$P_总 V = n_总 RT$

$P_总 = P_A + P_B + P_C$

$P_A = x_A \cdot P_总$　　$P_B = x_B \cdot P_总$　　$P_C = x_C \cdot P_总$

道尔顿定律在生活中应用广泛。例如，我们周围的空气是一种混合气体，其中氧气的体积占比约 21%。海平面处的大气压为 1 atm，氧气的分压为 0.20 atm。然而，山顶的大气压会下降。在

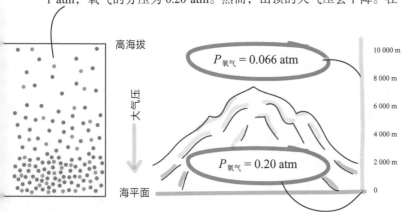

高海拔

$P_氧气 = 0.066\ atm$

10 000 m

8 000 m

6 000 m

大气压

4 000 m

$P_氧气 = 0.20\ atm$

2 000 m

海平面　　0

这种情况下，氧气的分压可能会降至 0.066 atm，使人无法维持舒适的呼吸，这就是为什么登山者会**缺氧**（身体组织的氧供应不足），出现头痛、眩晕、呼吸困难等症状。在极高海拔地区，比如珠穆朗玛峰顶，空气中的氧气水平非常低，会致人丧失意识甚至死亡。因此，大多数尝试登顶的登山者都会使用氧气罐。

化学反应

许多化学反应都发生在气相中，或者包含至少一种气态反应物或产物。化学反应中用体积作为气体的计量单位比用质量更简单；根据理想气体方程中的数学关系，我们可以对物质的量与体积进行转换。

气体化合体积定律

如果化学反应中的所有气体都处于相同的温度和压强下，那么化学计量数既表示气体体积，也表示摩尔数，这就是**气体化合体积定律**。

在氨气（NH_3）生成反应中，$1:3:2$ 的化学计量比（摩尔比）也代表着体积比。因此，如果 1 L 氮气与 3 L 氢气结合，就会生成 2 L 氨气。

由于反应中所有气体都处于相同的温度与压强下，它们的体积与理想气体方程中的摩尔数成比例关系。

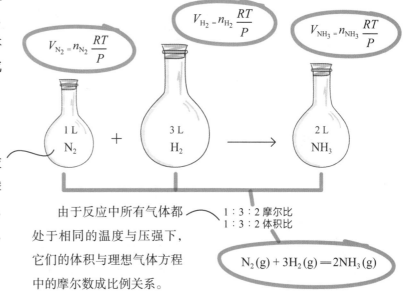

$$V_{N_2} = n_{N_2}\frac{RT}{P}$$

$$V_{H_2} = n_{H_2}\frac{RT}{P}$$

$$V_{NH_3} = n_{NH_3}\frac{RT}{P}$$

1 L N_2 + 3 L H_2 → 2 L NH_3

$1:3:2$ 摩尔比
$1:3:2$ 体积比

$$N_2(g) + 3H_2(g) = 2NH_3(g)$$

排水集气法

化学家常用化学反应来制造目标气体，比如，锌（Zn）与盐酸（HCl）反应生成氢气（H_2）。化学实验室中收集气体产物的最便捷方法之一就是排水集气法，这样收集到的气体是水蒸气与氢气的混合物。在化学计量中，我们可以运用道尔顿定律，得出氢气的摩尔数。

$$P_{总} = P_{H_2} + P_{H_2O}$$

H_2O
H_2

Zn

HCl

$$Zn(s) + 2HCl(aq) = H_2(g) + ZnCl_2(aq)$$

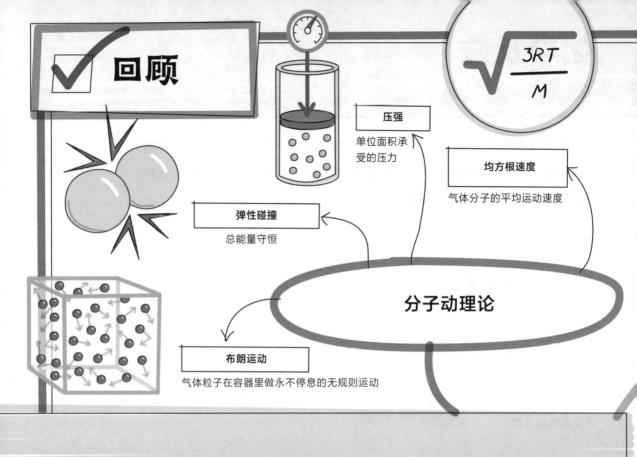

$$\sqrt{\dfrac{3RT}{M}}$$

压强

单位面积承受的压力

均方根速度

气体分子的平均运动速度

弹性碰撞

总能量守恒

分子动理论

布朗运动

气体粒子在容器里做永不停息的无规则运动

气体：理想状态下的普适理论

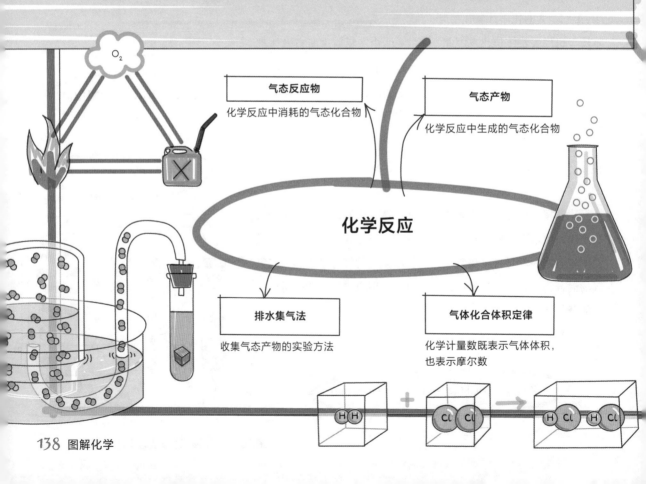

气态反应物

化学反应中消耗的气态化合物

气态产物

化学反应中生成的气态化合物

化学反应

排水集气法

收集气态产物的实验方法

气体化合体积定律

化学计量数既表示气体体积，
也表示摩尔数

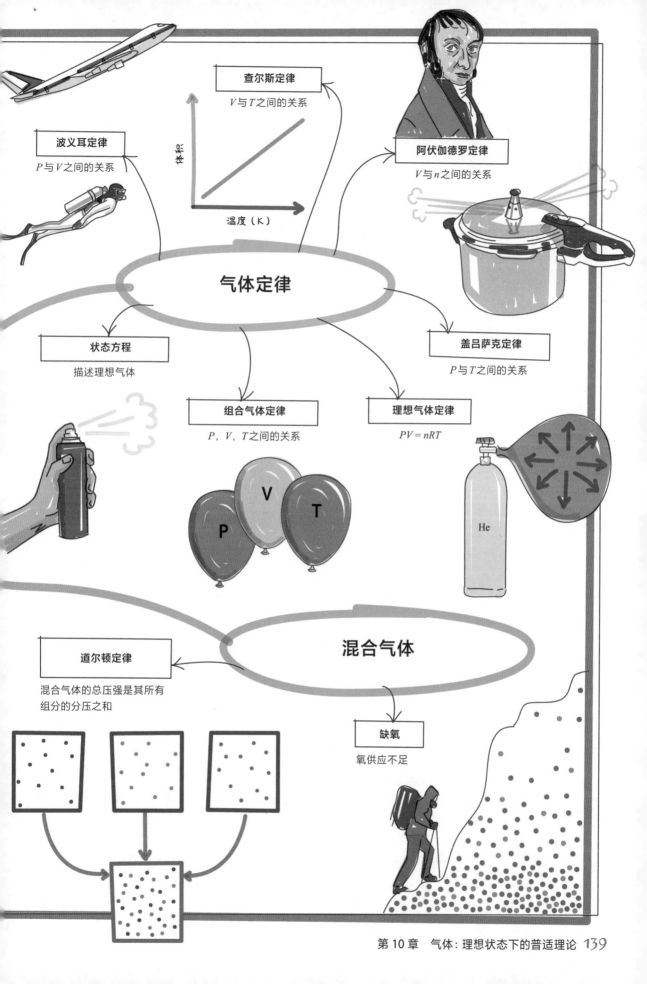

查尔斯定律

V 与 T 之间的关系

体积

温度（K）

波义耳定律

P 与 V 之间的关系

阿伏伽德罗定律

V 与 n 之间的关系

气体定律

状态方程

描述理想气体

盖吕萨克定律

P 与 T 之间的关系

组合气体定律

P，V，T 之间的关系

理想气体定律

$PV = nRT$

V

P

T

He

混合气体

道尔顿定律

混合气体的总压强是其所有
组分的分压之和

缺氧

氧供应不足

第 11 章

化学平衡：微妙的动态变化

在传统的化学方程式中，反应是单向进行的，反应物转化为产物，直到所有反应物分子被消耗完。但实际上，大多数反应都是可逆的。当反应物相互混合时，反应就开始正向进行，生成产物。然而，只要产物分子存在于反应混合体系中，逆反应就可以发生，即产物分子转化为反应物。

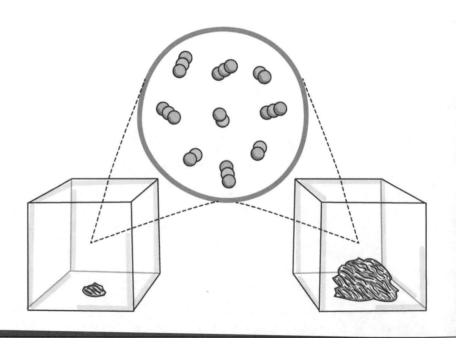

动态平衡

当正反应和逆反应的速率相等时，反应就达到了**平衡**。这时，反应物和产物的量不会再有变化。但这并不意味着反应停止了，正反应和逆反应仍在进行，只是反应的速率相等。我们称其为**动态平衡**。

动态平衡的形成

如果水箱中的进水量与出水量相等，水位就达到了动态平衡。进入的水代表着"正反应"，流出的水代表着"逆反应"。

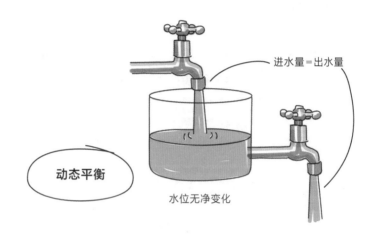

进水量＝出水量

动态平衡

水位无净变化

四氧化二氮（N_2O_4）分解反应刚开始时只存在N_2O_4分子，但随着反应的进行，会开始生成二氧化氮（NO_2）。只要正反应速率大于逆反应速率，N_2O_4的量就会减少，NO_2浓度则会增加。

随着反应的进行，N_2O_4浓度减少，NO_2浓度增加

达到动态平衡时，反应混合物中的N_2O_4与NO_2浓度不会有净变化，因为正反应与逆反应的速率相等。化学方程式中用双箭头来表示反应达到了平衡状态。

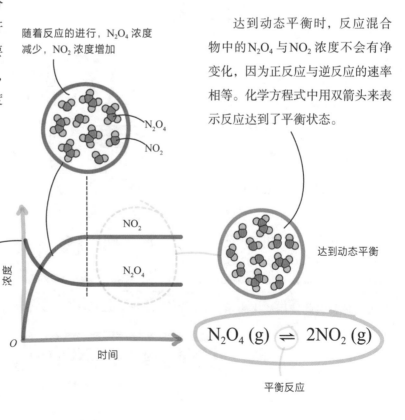

N_2O_4

NO_2

达到动态平衡

浓度

NO_2

N_2O_4

O

时间

在时间零点：只有N_2O_4存在

$$N_2O_4\,(g) \rightleftharpoons 2NO_2\,(g)$$

平衡反应

平衡常数

化学反应一旦达到平衡，反应物和产物的浓度就不会再有净变化（尽管浓度不一定相等），除非反应条件发生改变，比如温度有所改变。平衡状态下，反应物与产物的相对浓度可以用一个数值来表示，即**平衡常数**（K）。

质量作用定律

质量作用定律是指当一个可逆反应达到平衡时，在温度不变的情况下，产物与反应物浓度之比是一个常数。质量作用定律从数学上定义了平衡常数（K）。

对于一般反应，平衡常数的表达式可以写成反应物（A和B）与产物（C和D）的物质的量浓度之比，再让它们以化学计量数为指数的幂相乘/除。K是一个常数，没有单位。

用浓度表示平衡常数

产物

化学计量数

浓度

反应物

$$K_c = \frac{[C]^c[D]^d}{[A]^a[B]^b}$$

$$aA + bB \rightleftharpoons cC + dD$$

$$K_p = \frac{P_{NO_2}^2}{P_{N_2O_4}}$$

$$K_c = \frac{[NO_2]^2}{[N_2O_4]}$$

$$K_p = K_c(RT)\Delta n$$

平衡常数可以用浓度来表示（K_c），或者当反应物与产物都处于气相时，也可用分压来表示（K_p）。在 N_2O_4 分解为 NO_2 的反应中，两种分子在室温下均为气体，因此使用 K_p 来表示平衡常数。

$$N_2O_4\ (g) \rightleftharpoons 2NO_2\ (g)$$

根据理想气体定律，我们可以得到气相中化学反应达到平衡时 K_p 与 K_c 之间的数学关系。在这个方程中，R 是普适气体常数，T 是开尔文温度，Δn 是气态产物与反应物的化学计量数之和的差（对于 N_2O_4 分解反应，$\Delta n=1$）。

多相平衡

在非均相反应中，与气相或液相共存的纯液体和固体不写入K表达式。原因在于，只要反应中存在纯固体或液体，它们的浓度就不会改变。

二氧化碳（CO_2）气体能与石墨（碳，C）在高温下反应生成气态一氧化碳（CO）。只要固体碳存在于反应混合物中，气相中CO_2和CO的平衡就不会受到固体碳的量的影响。

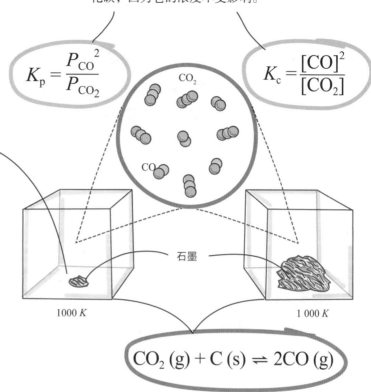

K表达式中没有固态二氧化碳，因为它的浓度不受影响。

$$K_p = \frac{P_{CO}^2}{P_{CO_2}}$$

$$K_c = \frac{[CO]^2}{[CO_2]}$$

CO_2

CO

石墨

1000 K

1 000 K

$$CO_2\,(g) + C\,(s) \rightleftharpoons 2CO\,(g)$$

K的意义

K表示平衡状态下产物与反应物的浓度比，K值本质上反映了在该反应条件下能够生成多少产物。

K值大表示平衡时产物浓度远高于反应物浓度，即平衡偏向于产物。

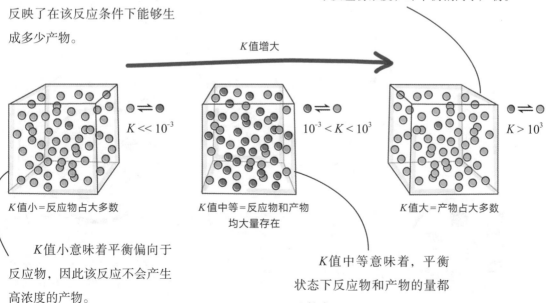

K值增大

$K \ll 10^{-3}$

$10^{-3} < K < 10^3$

$K > 10^3$

K值小＝反应物占大多数

K值中等＝反应物和产物均大量存在

K值大＝产物占大多数

K值小意味着平衡偏向于反应物，因此该反应不会产生高浓度的产物。

K值中等意味着，平衡状态下反应物和产物的量都比较多。

反应商

　　刚开始，当只有反应物分子存在时，化学反应必然正向进行，形成产物。对于可逆反应，反过来也一样成立：如果开始时只有产物分子存在，反应就会逆向进行，生成反应物。在非平衡状态下，当反应物和产物分子都存在时，化学反应的进程和方向由**反应商**决定。

K 与 Q

　　反应商（Q）的定义与 K 相同，只不过反应无须处于平衡状态。注意，Q 表达式中的浓度并非平衡浓度。

　　Q 能告诉我们某一时刻反应相对于平衡状态的位置。如果反应未达到平衡，将 Q 的数值与 K 进行比较，可以表明反应是正向进行还是逆向进行。

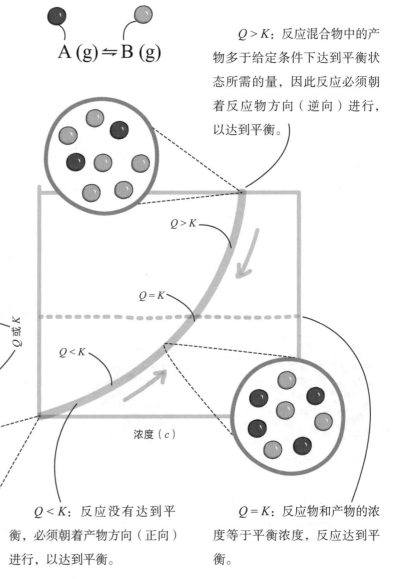

$$A\ (g) \rightleftharpoons B\ (g)$$

$Q > K$：反应混合物中的产物多于给定条件下达到平衡状态所需的量，因此反应必须朝着反应物方向（逆向）进行，以达到平衡。

$Q > K$

$Q = K$

$Q < K$

$$K_c = \frac{[B]_{平}}{[A]_{平}}$$

$$Q_c = \frac{[B]}{[A]}$$

Q 或 K

浓度（c）

$Q < K$：反应没有达到平衡，必须朝着产物方向（正向）进行，以达到平衡。

$Q = K$：反应物和产物的浓度等于平衡浓度，反应达到平衡。

改变平衡条件

只要反应条件没有变化，化学反应就会保持平衡状态。然而，处于平衡状态的反应如果受到外部干扰，就可能影响其平衡关态。**勒夏特列原理**指出，如果平衡受到破坏，化学反应就会随之发生变化，以消除或减弱这种外部干扰。

浓度改变

当温度不变时，向平衡的化学反应中加入或移除反应物和产物，就会破坏化学平衡，但不会改变K值。加入或移除纯固体或液体不会影响平衡，因为它们的浓度在化学反应过程中不会发生变化。

增加反应物的量会使K表达式中的分母增大，反应正向进行，形成更多的产物以维持K值不变，并达到新的平衡。

在新的平衡点，反应物和产物的浓度不同于初始平衡点。但由于质量作用定律，K值（产物和反应物浓度之比）依然不变。

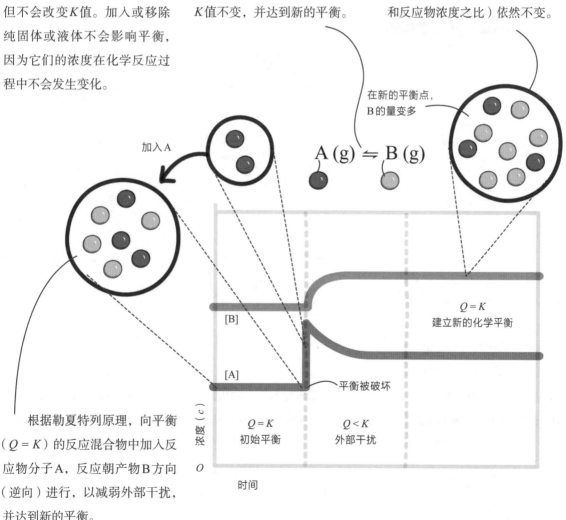

在新的平衡点，
B的量变多

加入A

$$A\,(g) \rightleftharpoons B\,(g)$$

$Q = K$
建立新的化学平衡

[B]

[A]

平衡被破坏

$Q = K$
初始平衡

$Q < K$
外部干扰

浓度（c）

O

时间

根据勒夏特列原理，向平衡（$Q = K$）的反应混合物中加入反应物分子A，反应朝产物B方向（逆向）进行，以减弱外部干扰，并达到新的平衡。

改变压强或体积

由于液体和固体不可压缩，压强和体积的改变只会影响气态平衡反应。压强与体积成负相关关系，当其中一个增加时，另一个会减少。

氢气（H_2）和氮气（N_2）反应生成氨气（NH_3）。当温度不变时，增大压强（减小体积）就会破坏初始平衡状态。

$$N_2\,(g) + 3H_2\,(g) \rightleftharpoons 2NH_3\,(g)$$

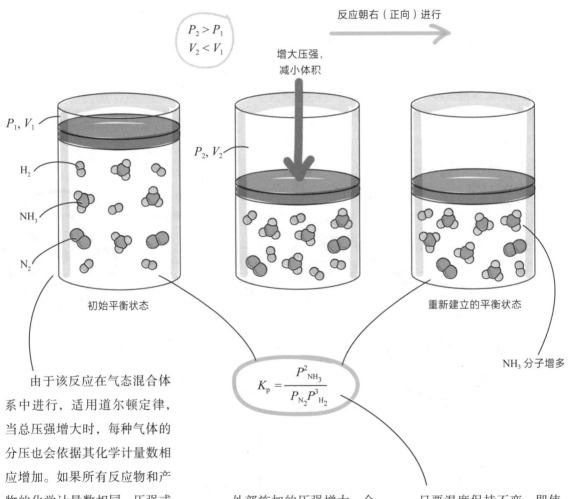

$P_2 > P_1$
$V_2 < V_1$

反应朝右（正向）进行

增大压强，减小体积

P_1, V_1

P_2, V_2

H_2

NH_3

N_2

初始平衡状态

重新建立的平衡状态

NH_3 分子增多

$$K_p = \frac{P^2_{NH_3}}{P_{N_2} P^3_{H_2}}$$

由于该反应在气态混合体系中进行，适用道尔顿定律，当总压强增大时，每种气体的分压也会依据其化学计量数相应增加。如果所有反应物和产物的化学计量数相同，压强或体积的变化就不会影响化学平衡，因为所有分压都会以同等程度变化。氢气与氮气的反应并非如此，因此压强的变化扰乱了平衡状态。

外部施加的压强增大，会使化学反应倾向于减少总压强，以恢复平衡状态。于是反应朝右（正向）进行，以减小压强，达到新的平衡状态，氨气浓度增大。

只要温度保持不变，即使分压改变，K 值也就维持不变。

温度变化

化学反应的发生通常需要提高反应物的温度，这种反应被称为**吸热**反应，其中热量可被看作一种启动反应所需的反应物。**放热**反应则释放热量，其中热量可被看作一种产物。

N_2O_4 分解反应是吸热反应。提高平衡状态下的反应温度，就意味着向反应物一侧增加了热量这项外部干扰。根据勒夏特列原理，反应会朝产物方向（正向）进行，以消耗增加的热量，从而产生更多的 NO_2。

温度升高会使吸热反应的化学平衡往吸热方向（正向）移动，而在放热反应中情况正相反，会逆向移动。因此，如果从平衡时的 N_2O_4 分解反应中抽走热量，反应会逆向进行，生成更多 N_2O_4，以达到新的平衡。

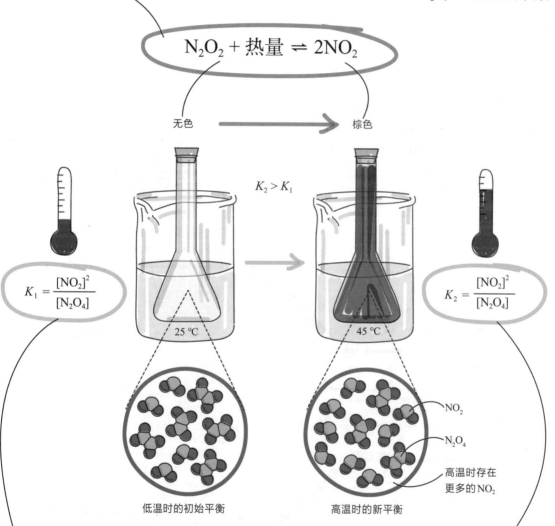

$$N_2O_2 + 热量 \rightleftharpoons 2NO_2$$

无色 → 棕色

$K_2 > K_1$

$$K_1 = \frac{[NO_2]^2}{[N_2O_4]}$$

$$K_2 = \frac{[NO_2]^2}{[N_2O_4]}$$

25 ℃   45 ℃

NO₂
N₂O₄
高温时存在更多的 NO_2

低温时的初始平衡   高温时的新平衡

当一个反应处于化学平衡状态时，如果浓度或压强（体积）发生变化，反应就会朝达到新平衡的方向进行。不过，根据质量作用定律，K 值不会发生变化。温度变化会破坏化学平衡，并改变 K 值。随着温度的升高，K 值也会增大（吸热反应[①]）。

---

① 对于放热反应，温度升高则 K 值减小。——译者注

平衡计算

只要化学反应处于平衡状态，反应中的物质浓度就不会变化，这便于我们进行各种数学计算。如果已知至少一种物质的平衡浓度，我们就能计算出该温度下的 K 值；如果知道了 K 值，我们就能确定反应涉及的所有物质的平衡浓度。

ICE 表

为便于计算，可以将初始浓度（I）、浓度变化（C）和平衡浓度（E）写在一张表格中。ICE 表中的 E 行提供了与 K 有关的平衡计算所需的信息；C 行显示了反应物浓度的减少（−）和产物浓度的增加（+）；x 代表反应所涉各种物质未知的浓度变化量，该变化量与化学计量数有关。

$$N_2\,(g) + 3H_2\,(g) \rightleftharpoons 2NH_3\,(g)$$

I	2	1	0
C			
E			

初始浓度写在表格中的 I 行。

$$N_2\,(g) + 3H_2\,(g) \rightleftharpoons 2NH_3\,(g)$$

I	初始浓度
C	浓度变化
E	平衡浓度

初始浓度写在表格中的 I 行，已知物质的平衡浓度写在 E 行。

$$N_2\,(g) + 3H_2\,(g) \rightleftharpoons 2NH_3\,(g)$$

I	2	1	0
C			
E			0.5

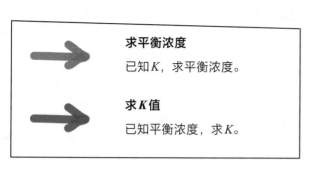

求平衡浓度
已知K，求平衡浓度。

求K值
已知平衡浓度，求K。

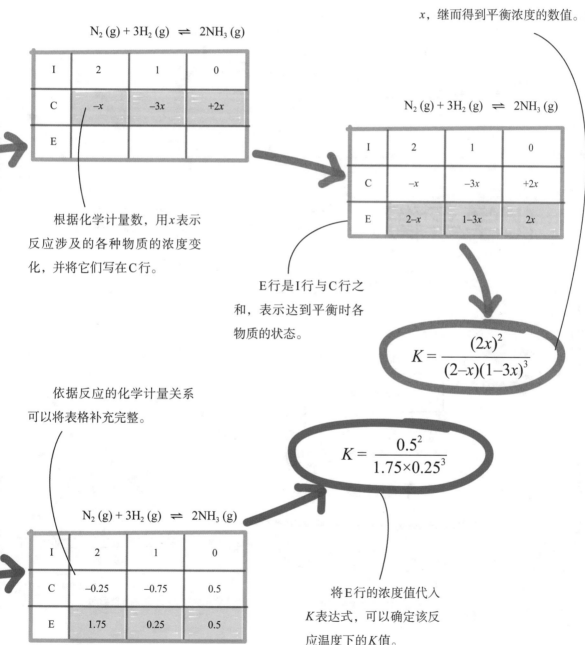

将C行的浓度代入K表达式。由于K值已知，可以求出x，继而得到平衡浓度的数值。

$$N_2(g) + 3H_2(g) \rightleftharpoons 2NH_3(g)$$

I	2	1	0
C	$-x$	$-3x$	$+2x$
E			

根据化学计量数，用x表示反应涉及的各种物质的浓度变化，并将它们写在C行。

$$N_2(g) + 3H_2(g) \rightleftharpoons 2NH_3(g)$$

I	2	1	0
C	$-x$	$-3x$	$+2x$
E	$2-x$	$1-3x$	$2x$

E行是I行与C行之和，表示达到平衡时各物质的状态。

$$K = \frac{(2x)^2}{(2-x)(1-3x)^3}$$

依据反应的化学计量关系可以将表格补充完整。

$$K = \frac{0.5^2}{1.75 \times 0.25^3}$$

$$N_2(g) + 3H_2(g) \rightleftharpoons 2NH_3(g)$$

I	2	1	0
C	-0.25	-0.75	0.5
E	1.75	0.25	0.5

将E行的浓度值代入K表达式，可以确定该反应温度下的K值。

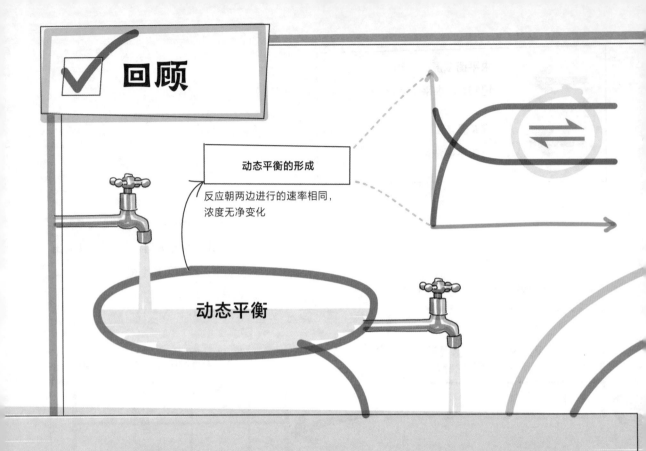

动态平衡的形成

反应朝两边进行的速率相同，浓度无净变化

动态平衡

化学平衡：微妙的动态变化

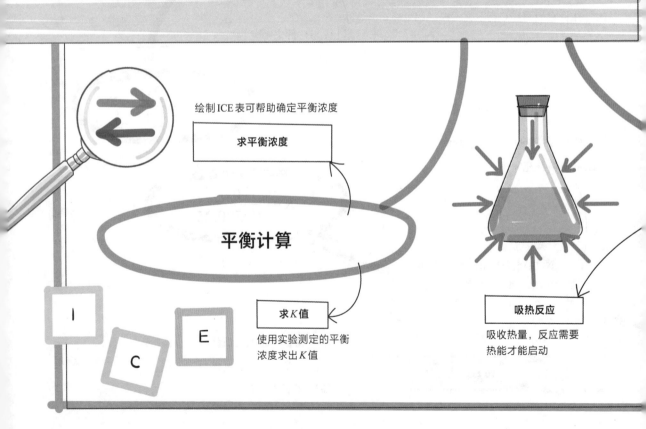

绘制ICE表可帮助确定平衡浓度

求平衡浓度

平衡计算

I

C

E

求 K 值

使用实验测定的平衡浓度求出 K 值

吸热反应

吸收热量，反应需要热能才能启动

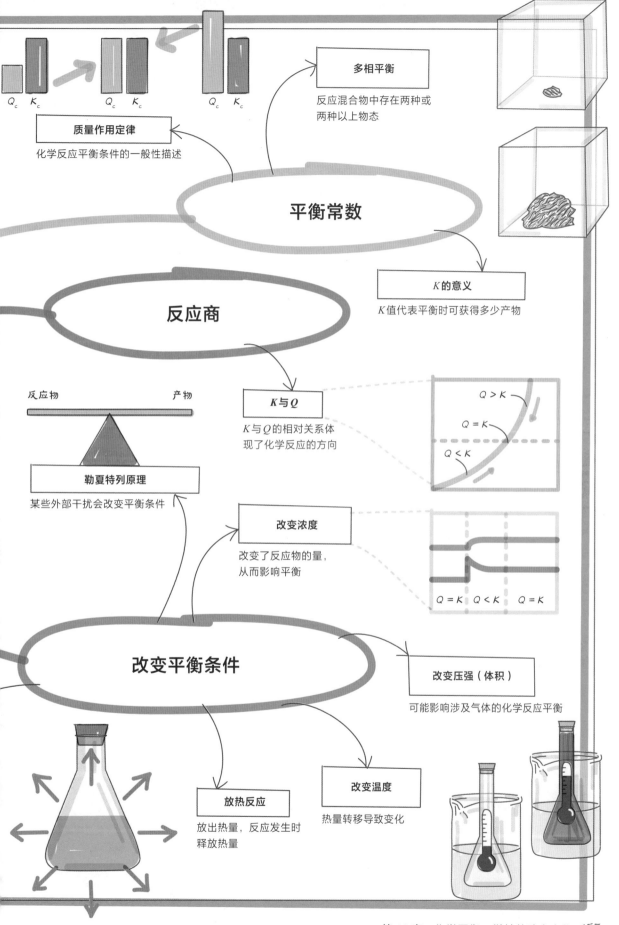

Q_c K_c Q_c K_c Q_c K_c

多相平衡

反应混合物中存在两种或
两种以上物态

质量作用定律

化学反应平衡条件的一般性描述

平衡常数

反应商

K的意义

K值代表平衡时可获得多少产物

反应物   产物

勒夏特列原理

某些外部干扰会改变平衡条件

K与Q

K与Q的相对关系体
现了化学反应的方向

$Q > K$

$Q = K$

$Q < K$

改变浓度

改变了反应物的量，
从而影响平衡

$Q = K$ $Q < K$ $Q = K$

改变平衡条件

改变压强（体积）

可能影响涉及气体的化学反应平衡

放热反应

放出热量，反应发生时
释放热量

改变温度

热量转移导致变化

第 12 章

酸与碱：
融入日常生活的两类物质

在化学中，酸与碱这两个词用于描述一大类物质的固有特性。英文中的"acid"（酸）来源于拉丁语"*acere*"，意思是"味道酸的"；而"base"（碱）来源于阿拉伯语，英语表记为"alqali"，意思是"碱性的"。酸与碱在日常生活中有多种应用：酸与碱能够促进食物的消化，影响药物的疗效；我们喜爱的各种美食之所以有着独特的味道与气味，酸与碱在其中起着不可或缺的作用；当然，它们还在家用清洁产品中发挥着重要作用。

酸与碱的定义

观察一种物质的酸性或碱性最常用的方法就是将其与水混合，看它如何改变水中氢离子（H⁺）与氢氧根离子（OH⁻）的平衡。溶于水后，可使溶液中氢离子浓度升高的物质为**酸**，可使氢氧离子浓度升高的物质为**碱**。**两性物质**则兼具两种特点，既能表现出酸的特性，也能表现出碱的特性，具体取决于周围环境。

水的自电离

水电离后形成**水合氢离子**（H_3O^+）和氢氧根离子。当一个水分子与另一个水分子及氢离子碰撞时，就会发生电离反应。室温下水的电离程度较弱，多数水分子都保持不变。在水的自电离反应中，反应物与产物之间存在某种平衡。

在室温下，水中的水合氢离子和氢氧根离子的浓度非常低（等于 1.0×10^{-7} mol/L），由此可以得到水自电离反应的平衡常数（K_w）数值为 1.0×10^{-14}。由于 K_w 太小，水的自电离反应平衡朝最左端偏移，也就是水分子一侧。

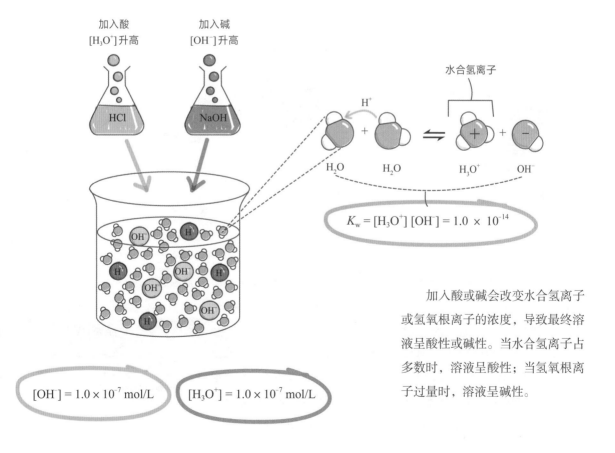

加入酸或碱会改变水合氢离子或氢氧根离子的浓度，导致最终溶液呈酸性或碱性。当水合氢离子占多数时，溶液呈酸性；当氢氧根离子过量时，溶液呈碱性。

酸与碱可以根据阿伦尼乌斯模型或酸碱质子理论（布朗斯特–劳里酸碱理论）来定义。氢离子（质子）在水中非常活跃，所以它们不会保持H^+形态，而是与水分子结合形成水合氢离子。因此，酸碱质子理论给出了更通用的酸的定义。

阿伦尼乌斯理论中的酸与碱

★ 酸在水中生成质子（H^+）
★ 碱在水中生成氢氧根离子（OH^-）

HCl

KOH

H Cl

K OH

酸

碱

酸的性质

★ 电解质
★ 味酸
★ 能够中和碱
★ 腐蚀性
★ 能与金属反应

酸与碱的分类

小苏打

碱的性质

★ 电解质
★ 味苦
★ 能够中和酸
★ 腐蚀性
★ 滑腻感

抗酸药

许多柑橘类水果的酸味是由于柠檬酸（$C_6H_8O_7$）向水果里的水提供了氢离子。

氢氧化钠（NaOH）和氢氧化钾（KOH）这类碱可用于制作肥皂。碱性物质摸起来滑滑的，是因为它们与皮肤上的油脂发生了皂化反应。管道疏通剂和烤箱清洁剂等家用清洁产品中都含有NaOH，这种碱能与动物脂肪、植物油及其他蛋白质发生反应，从而轻松去除污垢。

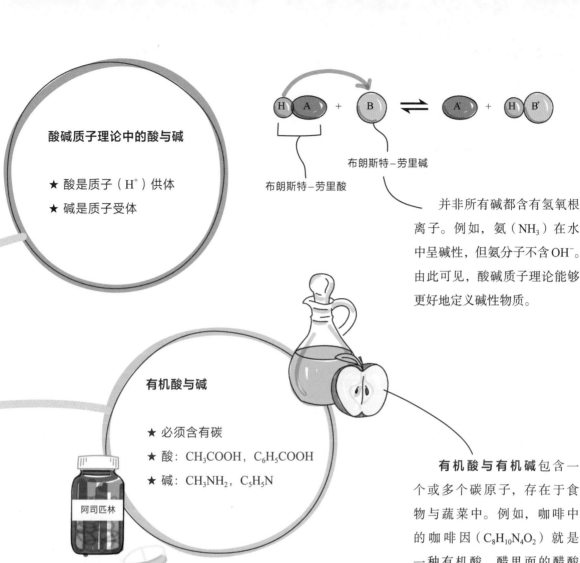

酸碱质子理论中的酸与碱

★ 酸是质子（H⁺）供体
★ 碱是质子受体

布朗斯特–劳里酸
布朗斯特–劳里碱

并非所有碱都含有氢氧根离子。例如，氨（NH_3）在水中呈碱性，但氨分子不含OH^-。由此可见，酸碱质子理论能够更好地定义碱性物质。

有机酸与碱

★ 必须含有碳
★ 酸：CH_3COOH，C_6H_5COOH
★ 碱：CH_3NH_2，C_5H_5N

阿司匹林

有机酸与有机碱包含一个或多个碳原子，存在于食物与蔬菜中。例如，咖啡中的咖啡因（$C_8H_{10}N_4O_2$）就是一种有机酸，醋里面的醋酸（CH_3COOH）也是一种有机酸。

无机酸与无机碱不必含有碳原子。硫酸（H_2SO_4）是一种无机酸，可用于汽车电池；氨（NH_3）是一种无机碱，可用于生产玻璃清洁剂。

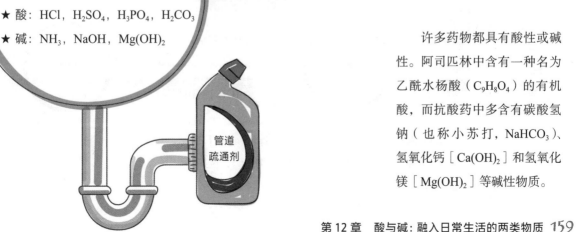

无机（矿物）酸与碱

★ 可能含碳，也可能不含碳
★ 酸：HCl，H_2SO_4，H_3PO_4，H_2CO_3
★ 碱：NH_3，NaOH，$Mg(OH)_2$

管道疏通剂

许多药物都具有酸性或碱性。阿司匹林中含有一种名为乙酰水杨酸（$C_9H_8O_4$）的有机酸，而抗酸药中多含有碳酸氢钠（也称小苏打，$NaHCO_3$）、氢氧化钙［$Ca(OH)_2$］和氢氧化镁［$Mg(OH)_2$］等碱性物质。

pH标度

酸碱溶液中酸或碱的程度可用pH（酸碱值，用氢离子浓度表示）或pOH（用氢氧根离子浓度表示）做定量表示。pH和pOH都是对数标度，分别对应水合氢离子和氢氧根离子浓度的对数值。

pH与pOH

pH是水合氢离子物质的量浓度的负对数。水溶液的pH范围为0~14，我们可以很方便地用它来定量描述溶液的酸性强弱。

pOH是氢氧根离子物质的量浓度的负对数。和pH一样，pOH的范围也是0~14，用它可以定量描述水溶液的碱性强弱。

中性	酸性	碱性
pH = 7	pH < 7	pH > 7
pOH = 7	pOH > 7	pOH < 7

水溶液根据其pH（或pOH）被分为酸性、碱性和中性溶液。当我们把酸性物质加到水中时，水合氢离子浓度增加，导致pH小于7。如果我们把碱性物质加到水中，氢氧根离子浓度增加，就会导致pH大于7。

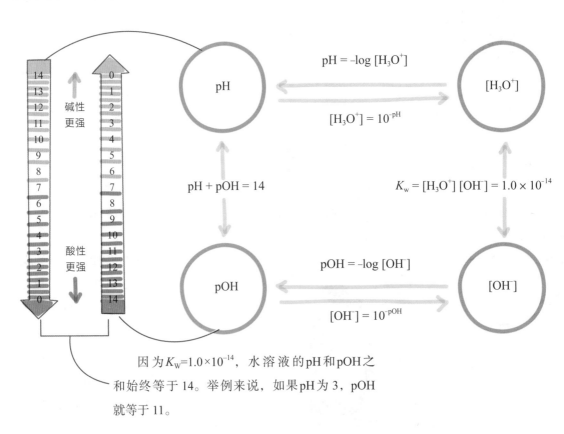

$$pH = -\log [H_3O^+]$$
$$[H_3O^+] = 10^{-pH}$$
$$pH + pOH = 14$$
$$K_w = [H_3O^+][OH^-] = 1.0 \times 10^{-14}$$
$$pOH = -\log [OH^-]$$
$$[OH^-] = 10^{-pOH}$$

因为$K_w=1.0\times10^{-14}$，水溶液的pH和pOH之和始终等于14。举例来说，如果pH为3，pOH就等于11。

生活中的酸与碱

我们每天吃的食物、饮料、药品和使用的清洁产品，都具有酸性或碱性。如果没有这种供给质子或接受质子的特性，它们就无法满足我们所需。

例如，抗酸药能够有效地缓解胃酸反流，就是因为它能够除去胃液中过量的质子。

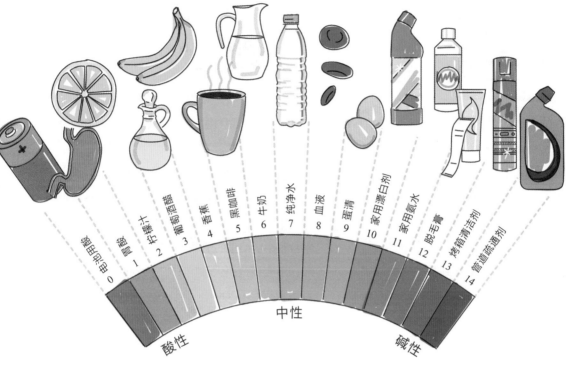

人体不同部位体液的pH有所不同。例如，胃里的胃液pH低，有强腐蚀性，但没有它我们就无法消化食物。不同的器官必须维持特定的pH，为此我们应该均衡饮食，频繁摄入酸性或碱性太强的食物则会损害健康。

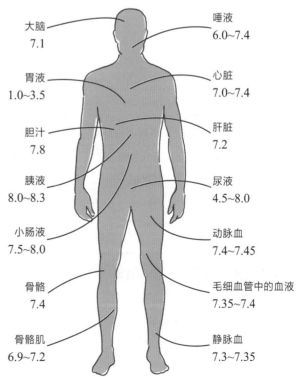

大脑
7.1

唾液
6.0~7.4

胃液
1.0~3.5

心脏
7.0~7.4

胆汁
7.8

肝脏
7.2

胰液
8.0~8.3

尿液
4.5~8.0

小肠液
7.5~8.0

动脉血
7.4~7.45

骨骼
7.4

毛细血管中的血液
7.35~7.4

骨骼肌
6.9~7.2

静脉血
7.3~7.35

酸碱强度

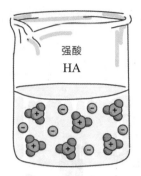

$$HA\ (aq) + H_2O\ (l) = H_3O^+\ (aq) + A^-\ (aq)$$

有些酸和碱能在水中完全电离，形成强电解质溶液，它们被称为**强酸和强碱**。盐酸（HCl）是一种强酸，能把所有质子都供给水分子，达到完全电离。胃液中因含有 HCl 而具有强酸性，能够很容易地分解食物。

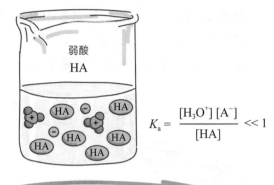

$$HA\ (aq) + H_2O\ (l) \rightleftharpoons H_3O^+\ (aq) + A^-\ (aq)$$

弱酸和**弱碱**在水中大部分分子都保持不变，电离程度小，形成弱电解质溶液。它们会与水达到电离平衡，不过平衡点位于最左端，平衡常数很小。醋里的醋酸（CH_3COOH）是一种弱酸，不会释放出大量质子。这意味着它溶于水后主要以 CH_3COOH 形式存在，所以醋酸可用于调配沙拉酱。

$$BOH\ (aq) = B^+\ (aq) + OH^-\ (aq)$$

氢氧化钠（NaOH）是一种强碱，在水中可完全电离，释放出所有的钠离子和氢氧根离子。高浓度的氢氧根离子使 NaOH 具有强腐蚀性，能够分解生物质。因此，NaOH 常用于疏通堵塞的管道。

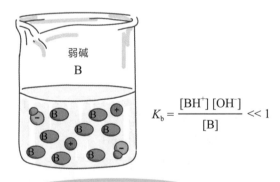

$$B\ (aq) + H_2O\ (l) \rightleftharpoons BH^+\ (aq) + OH^-\ (aq)$$

氨（NH_3）是一种弱碱，无法接受太多质子，所以在溶液中仅能产生少量的氢氧根离子。这就是为什么氨可安全地用于家用清洁剂，而不像强碱那样有腐蚀性危险。

酸碱指示剂

　　一些复杂的有机分子对pH的变化很敏感，它们被称为**酸碱指示剂**或**pH指示剂**。这类化合物自身的酸性或碱性较弱，在水中的电离程度不高。当它们处于溶液中时，如果有质子接近，就会显现出明显的颜色，而当质子脱离分子时又会变换颜色，所以这些用作指示剂的化合物会根据pH的变化显现出不同的颜色。当需要快速检测pH时，这种指示剂非常有用且应用广泛。自然界也存在许多指示剂分子。

　　酸碱指示剂可以人工合成，也可以从自然界获取。花青素苷是一种存在于紫甘蓝中的分子，可以随着pH的变化而变色。

　　绣球花中也含有花青素苷。如果绣球花生长在酸性土壤中，就会呈蓝色；如果它们生长在碱性土壤中，则会呈粉紫色。

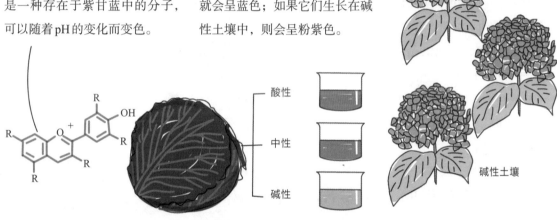

酸性土壤

酸性

中性

碱性

碱性土壤

　　自然界有许多食物也是酸碱指示剂。这些食物中都存在某种天然的复杂分子，会呈现出不同的颜色，从而反映pH的变化。

　　合成分子和天然分子都可用于制造商用的酸碱指示剂。最常用的指示剂是几种分子的混合物，即**通用酸碱指示剂**，能提供涵盖整个pH范围的色谱。

　　pH试纸是一种方便的工具，能在不同环境下快速检测出酸碱值，比如游泳池。pH试纸是用通用指示剂浸渍白纸制成的。

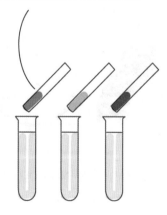

甜菜根

桃子皮

西红柿

中和反应

酸和碱具有相反的性质，尤其是在对氢离子的亲和性方面。这就意味着酸与碱会发生反应，生成水和某种形式的离子化合物或盐。酸中的氢离子和碱中的氢氧根离子反应生成水，因此酸与碱的相互作用被称为**中和反应**。我们在日常生活中经常用到中和反应。

中和

酸能够中和碱的碱性。中和反应会生成何种离子化合物，取决于酸和碱的类型。例如，氢氧化钠（NaOH）和盐酸（HCl）反应，生成氯化钠（NaCl）和水（H_2O）。

蚂蚁和蜜蜂蜇咬会分泌甲酸（HCOOH），呈酸性。碳酸氢钠（$NaHCO_3$）是一种碱，可用于中和甲酸，缓解蜇伤。不过，胡蜂的刺带有碱性化合物，所以通常使用含乙酸（醋酸）的醋来治疗胡蜂蜇伤。

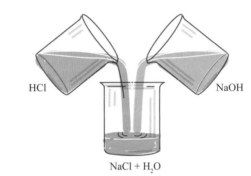

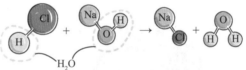

胃液里含有强酸性的盐酸（HCl），能够分解食物、促进消化，但胃酸太多也会导致消化不良。这时可以服用抗酸药进行治疗，抗酸药的成分为碱性化合物，比如碳酸氢钠（$NaHCO_3$）、氢氧化镁［镁乳，$Mg(OH)_2$］和碳酸钙（$CaCO_3$）。

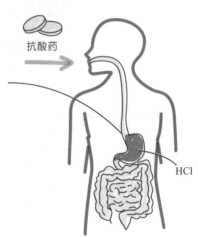

抗酸药

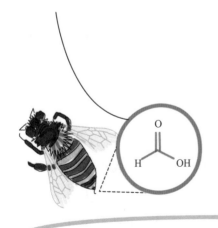

$$2HCl\ (aq) + Mg(OH)_2\ (aq) = 2H_2O\ (l) + MgCl_2\ (aq)$$

$$HCOOH\ (aq) + NaHCO_3\ (aq) \rightleftharpoons NaCOOH\ (aq) + H_2O\ (l) + CO_2\ (g)$$

酸雨

二氧化硫（SO$_2$）、一氧化氮（NO）、二氧化氮（NO$_2$）和二氧化碳（CO$_2$）这类非金属氧化物与水反应会生成酸性溶液，它们被称为**酸酐**。工厂、汽车排出的废气和火山喷发释放的气体中都含有酸酐。

二氧化碳（CO$_2$）和雨水结合形成碳酸（H$_2$CO$_3$）稀溶液，这就是为什么雨水会呈酸性，其pH约为5.6。

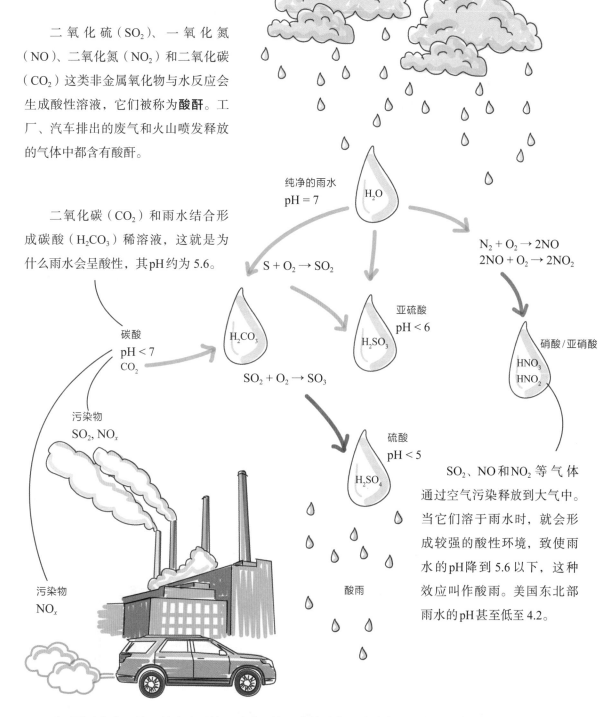

纯净的雨水
pH = 7

H$_2$O

S + O$_2$ → SO$_2$

N$_2$ + O$_2$ → 2NO
2NO + O$_2$ → 2NO$_2$

亚硫酸
pH < 6

H$_2$SO$_3$

硝酸/亚硝酸

HNO$_3$
HNO$_2$

碳酸
pH < 7
CO$_2$

H$_2$CO$_3$

SO$_2$ + O$_2$ → SO$_3$

污染物
SO$_2$, NO$_x$

硫酸
pH < 5

H$_2$SO$_4$

污染物
NO$_x$

酸雨

SO$_2$、NO和NO$_2$等气体通过空气污染释放到大气中。当它们溶于雨水时，就会形成较强的酸性环境，致使雨水的pH降到5.6以下，这种效应叫作酸雨。美国东北部雨水的pH甚至低至4.2。

酸雨严重危害经济、健康和环境，造成土壤和水体酸化，威胁水生生物的生存。每年都有数百万吨生石灰（CaO）被倒入世界各地的土壤、湖泊和河流，用于中和酸雨导致的酸化作用。生石灰与水反应生成氢氧化钙 [Ca(OH)$_2$]，这种碱能中和土壤与水中的酸性化合物。

酸碱滴定

中和反应常用于定量化学分析，以确定样品的酸碱浓度。这个过程被称为**酸碱滴定**。

例如，将一份酸样品置于烧瓶中，再加入几滴pH指示剂。之后，用滴定管将一种合适的已知浓度的碱溶液缓慢加入酸样品。化学实验室通常使用数字式酸碱计来监测烧瓶中样品的pH变化。

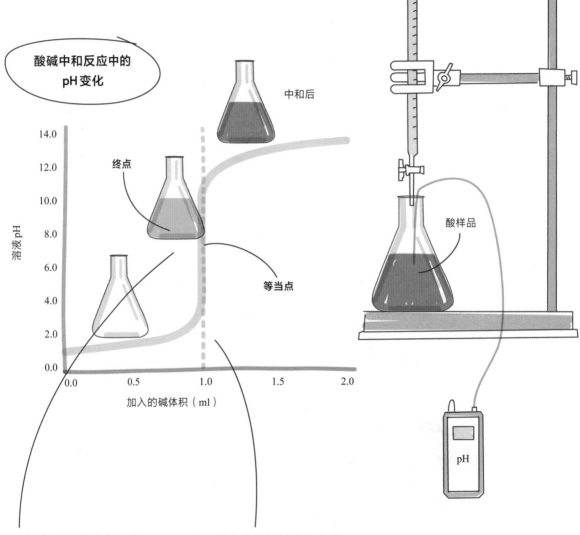

酸碱滴定

装有碱溶液的滴定管

酸碱中和反应中的pH变化

终点

等当点

中和后

酸样品

溶液 pH

14.0
12.0
10.0
8.0
6.0
4.0
2.0
0.0

0.0   0.5   1.0   1.5   2.0

加入的碱体积（ml）

pH

所有酸都被碱中和后，pH指示剂颜色发生变化，此时即为酸碱滴定的**终点**。当指示剂颜色发生变化时，反应其实已经过了中和点，溶液呈弱碱性。

所有酸都被碱中和的这一瞬间叫作**等当点**。在等当点，酸产生的所有氢离子都被碱产生的氢氧根离子中和，并生成水分子。

知道了等当点时加入碱的体积，我们就可以通过化学计量确定酸样品的浓度。

缓冲溶液

往某些溶液中加入酸或碱时，溶液能在一定程度上阻碍pH的变化，这样的溶液被称为**缓冲溶液**。缓冲溶液由弱酸及其强碱盐组成，或者由弱碱及其强酸盐组成。许多生物系统都对环境中的pH变化很敏感，正常的生物活动需要维持健康、均衡的pH，缓冲溶液在其中发挥着关键作用。

缓冲作用

碳酸（H_2CO_3）是一种弱酸，与它的盐（比如碳酸氢钠，$NaHCO_3$）混合可以形成缓冲溶液。碳酸氢根（HCO_3^-）是碳酸的碱形态，来自碳酸氢盐，被称为碳酸的**共轭碱**。当H_2CO_3/HCO_3^-酸碱对存在于水溶液中时，就会产生缓冲效果，可以减缓溶液pH的变化。

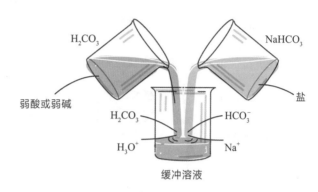

如果向含有碳酸/碳酸氢盐缓冲对的溶液中加入碱，H_2CO_3会在pH上升之前迅速将碱中和。同样，如果往缓冲溶液中加入酸，酸就会被HCO_3^-中和，以维持稳定的pH。

碳酸/碳酸氢盐缓冲对可使血液的pH维持在 7.35 到 7.45 之间。如果血液pH低于这个范围，就会发生**酸中毒**；当血液pH高于 7.45 时，则会发生**碱中毒**。酸中毒和碱中毒若不及时处理，都有可能危及生命。

加入碱使反应向右（正向）进行

$$H_2CO_3\ (aq) + H_2O\ (l) \rightleftharpoons HCO_3^-\ (aq) + H_3O^+\ (aq)$$

弱酸　　　　　　　　　共轭碱

加入酸使反应向左（逆向）进行

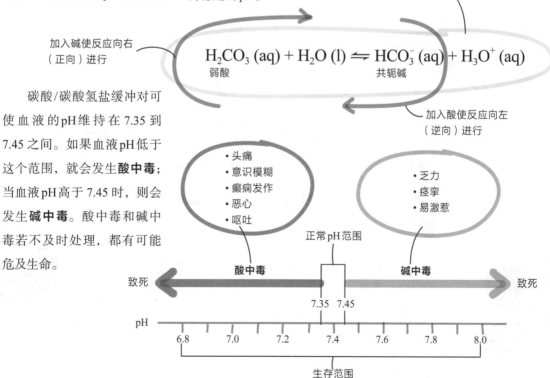

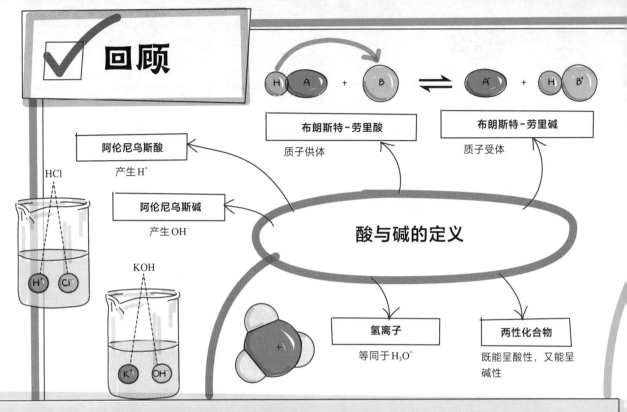

布朗斯特−劳里酸
质子供体

布朗斯特−劳里碱
质子受体

阿伦尼乌斯酸
产生 H^+

阿伦尼乌斯碱
产生 OH^-

HCl

KOH

酸与碱的定义

氢离子
等同于 H_3O^+

两性化合物
既能呈酸性，又能呈碱性

酸与碱：
融入日常生活的两类物质

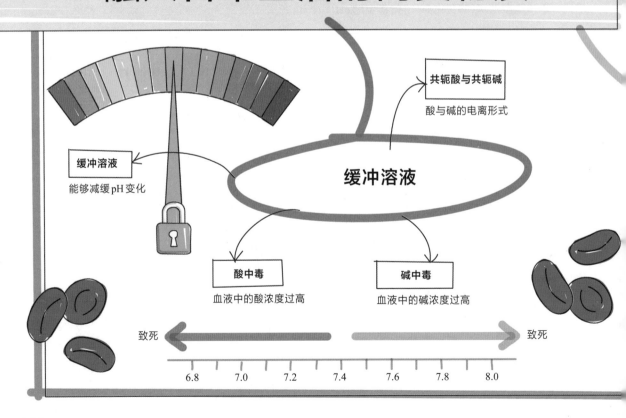

共轭酸与共轭碱
酸与碱的电离形式

缓冲溶液
能够减缓pH变化

缓冲溶液

酸中毒
血液中的酸浓度过高

碱中毒
血液中的碱浓度过高

致死

致死

6.8　　7.0　　7.2　　7.4　　7.6　　7.8　　8.0

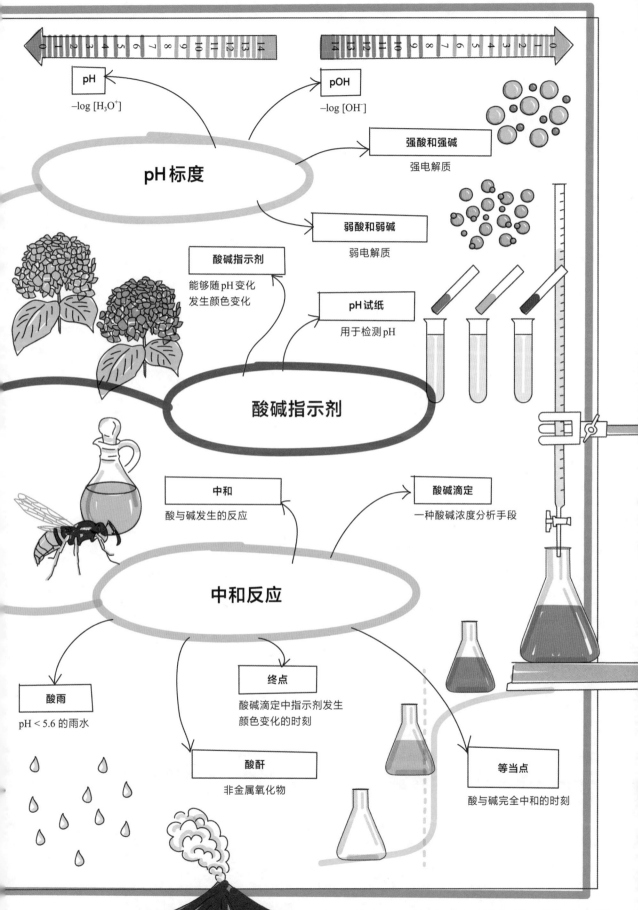

pH
$-\log [H_3O^+]$

pOH
$-\log [OH^-]$

pH标度

强酸和强碱
强电解质

弱酸和弱碱
弱电解质

酸碱指示剂
能够随pH变化
发生颜色变化

pH试纸
用于检测pH

酸碱指示剂

中和
酸与碱发生的反应

酸碱滴定
一种酸碱浓度分析手段

中和反应

酸雨
pH < 5.6 的雨水

终点
酸碱滴定中指示剂发生
颜色变化的时刻

酸酐
非金属氧化物

等当点
酸与碱完全中和的时刻

第 13 章

热力学：
能量从哪里来，到哪里去？

热力学这个术语的英文 thermodynamics 源自"thermo"和"dynamics"，意思是"热"和"运动"。正如这个名称所揭示的，热力学作为科学的一个重要分支，研究对象是热与其他形式的能量，以及它们之间的关系。热力学本质上是一门关于能量变化的科学，这种变化发生在物理与化学过程中——能量会从一个地方转移到另一个地方，从一种形式转变为另一种形式。因此，热力学定律是科学中最基础的定律，阐释了物质发生物理变化与化学变化的根本驱动力。

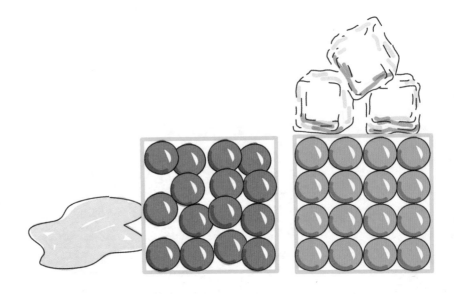

热力学与焓

热力学第一定律与自然界的能量守恒定律在本质上是一致的。这个定律的内容是，宇宙中的总能量是恒定的，所以在物理变化或化学变化过程中，能量既不会凭空产生也不会凭空消失，只能从一种形式转化成另一种形式，或者从一个物体传递到另一个物体。

热力学标准态

热力学中的能量项通常用标准态下的数值表示，标准态是指在某一温度（常用室温，298.15 K）、1 atm 下，所有物质均处于最稳定状态。科学文献中报道了许多化学和物理过程在标准态下的热力学数据。

热力学标准态

气体	1 atm 下的纯气体
液体和固体	1 atm 下的纯液体或固体
溶液	浓度为 1 mol/L

系统与环境

热力学**系统**（中学化学称为体系）是指用作研究对象的特定范围，例如，系统可以是试管中发生的化学反应，也可以是桌上的一层冰。系统周围邻近的空间则为**环境**。系统与环境之间能够发生物质与能量的交换，两者共同构成**宇宙**。

系统**内能**（E）是系统内物质的动能与势能之和。当发生化学或物理变化时，系统与其环境之间发生能量交换。系统能量的变化用 ΔE 表示，即系统内能变化后（$E_末$）与变化前（$E_初$）的差值。

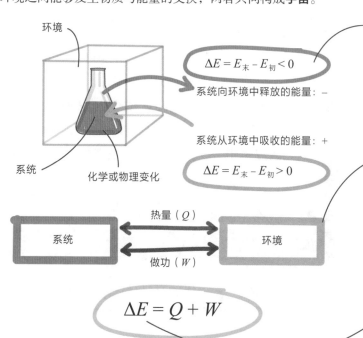

$$\Delta E = E_末 - E_初 < 0$$

系统向环境中释放的能量：—

系统从环境中吸收的能量：+

$$\Delta E = E_末 - E_初 > 0$$

环境

系统

化学或物理变化

热量（Q）

做功（W）

系统   环境

$$\Delta E = Q + W$$

热力学第一定律表明，系统与其环境之间的能量交换以**热量**（Q）和**做功**（W）的形式呈现。

ΔE 是一**个状态函数**，它的值只取决于系统的初态和终态，与变化的过程无关。

焓

在我们生活的恒定大气压条件下，能够发生许多化学与物理变化。在压力恒定的情况下，系统与环境之间因温度差异而交换的热量（Q）叫作**焓**（H）。焓也是一个状态函数。

如果系统向环境中释放热量（$\Delta H < 0$），就称系统发生了**放热**反应。如果系统从环境中吸收热量（$\Delta H > 0$），则称系统发生了**吸热**反应。

日常生活中有许多热量在系统与环境之间传递的例子。比如，暖手宝涉及放热反应，热量从系统（暖手宝）释放到环境（手）中。

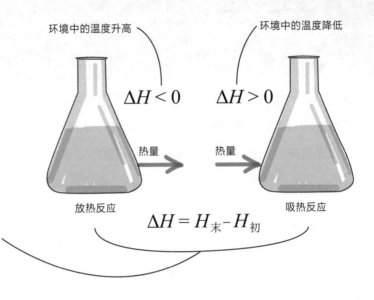

环境中的温度升高   环境中的温度降低

$\Delta H < 0$ $\Delta H > 0$

热量   热量

放热反应   吸热反应

$$\Delta H = H_{末} - H_{初}$$

$$4Fe\,(s) + 3O_2\,(g) \rightarrow 2Fe_2O_3\,(s) + 热量$$

暖手宝是通过将铁粉、水和盐密封在一个透气的无纺布袋里制成的。撕开外包装后，空气中的氧气渗进袋子里，与铁粉发生反应并生成铁锈。这是一个高度放热反应，可以释放大量的热。

当反应发生时，暖手宝（系统）的温度高，我们的手（环境）温度低。反应释放的热量从暖手宝传递到手，从而实现了暖手效果。随着系统逐渐失去热量，环境会获得热量。

该反应生成的热量可以用科学文献中给出的标准生成焓（ΔH^0_f）数据来确定。经计算得出，暖手宝中的反应释放了 1 652 kJ能量。

$$4Fe\,(s) + 3O_2\,(g)$$

$H_{初}$

反应物

$\Delta H < 0$

焓

$$2Fe_2O_3\,(s)$$

$H_{末}$

产物

$$\Delta H^0 = \sum n \times \Delta H^0_f\,(产物) - \sum n \times \Delta H^0_f\,(反应物)$$

化学计量数

焓的测量

科学家用**量热学**来测量一个系统与环境之间交换的热量。使用温度计测定环境中的温度变化，可以定量地测量反应过程中传递的热量。

许多水相反应的焓变可以用**恒压量热计**直接测量。使用这种方法时，化学反应在水溶液中进行，并被放置在一个隔热容器中，容器的盖子不密封，以确保反应处在恒定的大气压条件下。在反应发生前后，分别测量溶液（环境）的温度。如果溶液的温度升高，反应就是放热反应；如果温度降低，反应则为吸热反应。

温度的变化（ΔT）与反应的焓变（ΔH）直接相关。

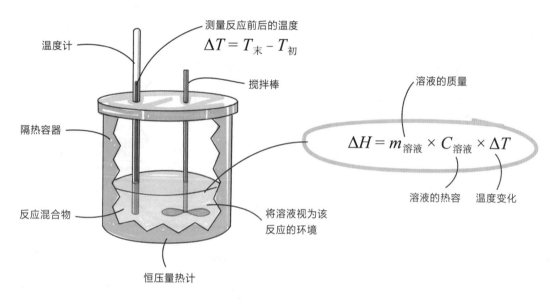

测量反应前后的温度
$$\Delta T = T_{末} - T_{初}$$

温度计

搅拌棒

溶液的质量

隔热容器

$$\Delta H = m_{溶液} \times C_{溶液} \times \Delta T$$

溶液的热容　温度变化

反应混合物

将溶液视为该反应的环境

恒压量热计

相变焓

相变过程中的焓变可以用量热学测量。熔化、蒸发（气化）和升华都是吸热反应，需要吸收热量才能发生，$\Delta H > 0$。相反，凝固、凝结（液化）和凝华都是放热反应，$\Delta H < 0$。

下雪时环境温度会升高，因为气态水转变为固态雪是放热过程，会向周围环境释放热量。

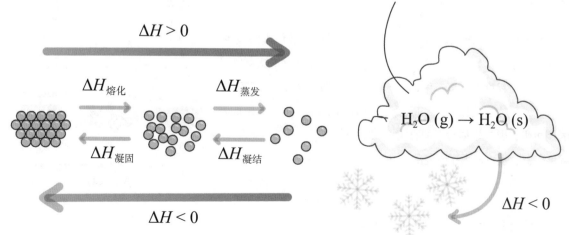

$$\Delta H > 0$$

$\Delta H_{熔化}$　$\Delta H_{蒸发}$

$\Delta H_{凝固}$　$\Delta H_{凝结}$

$$\Delta H < 0$$

$$H_2O\,(g) \rightarrow H_2O\,(s)$$

$$\Delta H < 0$$

热力学与熵

热力学第二定律是自然界中最基础的规律。它对于理解熵（S）这个表征系统混乱程度的物理量的概念有重要意义。根据热力学第二定律，当一个自发过程启动时，宇宙中的熵永远不会减小；能量也不会聚集在某个区域，而是倾向于分散开来。

自发过程与非自发过程

自发过程是一旦开始就无须借助外力，可以自动进行下去的过程。[1] 任何过程在一个方向上是**自发**的，在反方向上一定是**非自发**的。

当环境温度高于熔点时，冰能够自发融化。这个过程的方向是从冰到液态水；但是，只要温度高于 0 ℃，它的逆过程就不可能自发地发生。液态水分子比固态冰分子更加混乱无序，从而实现了能量的分散。

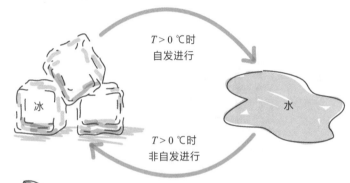

自然过程都是自发的。铁钉生锈是自发过程，因为在这个化学变化中，宇宙中的熵增加了，而且我们不可能见到该反应的逆过程自发进行。

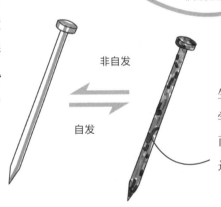

熵

熵（S）是系统混乱程度或系统中粒子（比如原子、离子和分子）自由程度的量度。由该定义可知，气体的熵比液体和固体的熵更大，因为气体粒子的自由程度更高，也更加无序或混乱。

从固体到液体再到气体，该方向上的一切相变都涉及熵的增加，反之熵会减小。顺着熵增的方向会发生能量的分散。

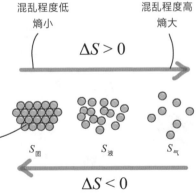

---

[1] 一般表述为"在一定条件下"。——译者注

熵和自发性

系统与环境之间的焓变会影响熵。在一个放热过程中，热量从系统流向环境，环境中的分子混乱程度增加，导致环境的熵增大。吸热过程则会发生相反的变化。

一杯热咖啡（系统）会向温度较低的环境中散发热量。环境获得的热量等于咖啡杯失去的热量，这样我们就能确定环境的熵变。

咖啡杯失去能量，里面的咖啡变得越来越凉。温度的降低使系统中的分子混乱程度降低，导致熵减小。

因为能量总是倾向于分散，热咖啡的热量会散失到温度较低的环境中。这个过程是自然、自发地发生的，只要条件维持不变，逆反应就不可能发生。热力学第二定律对这一现象做出了定量阐述：对于自发过程，宇宙中的熵必然增加，即$\Delta S_{宇宙} > 0$。

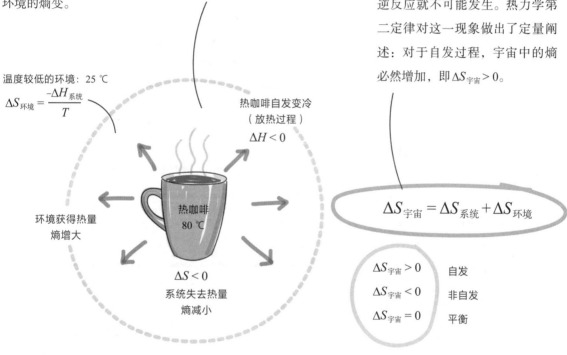

温度较低的环境：25 ℃

$$\Delta S_{环境} = \frac{-\Delta H_{系统}}{T}$$

热咖啡自发变冷
（放热过程）
$\Delta H < 0$

热咖啡
80 ℃

环境获得热量
熵增大

$\Delta S < 0$
系统失去热量
熵减小

$$\Delta S_{宇宙} = \Delta S_{系统} + \Delta S_{环境}$$

$\Delta S_{宇宙} > 0$	自发
$\Delta S_{宇宙} < 0$	非自发
$\Delta S_{宇宙} = 0$	平衡

仅凭焓变和熵变无法定量预测系统中发生的过程是不是自发的。自发与否的判断标准是宇宙熵变（系统熵变+环境熵变，$\Delta S_{宇宙}$）。对于自发过程，$\Delta S_{宇宙}$的值是正数；对于非自发过程，$\Delta S_{宇宙}$的值为负数；对于平衡过程，$\Delta S_{宇宙}$的值为 0。

尽管咖啡杯系统的熵在减小，但环境的熵增足够维持$\Delta S_{宇宙} > 0$。所以，咖啡的冷却过程依然能自发进行，直到达到热平衡。

当系统中发生化学反应时，我们可以利用科学文献中反应物和产物的标准熵值（S^0）来确定熵变。

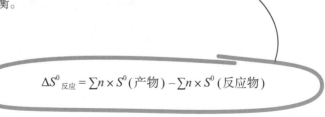

$$\Delta S^0_{反应} = \sum n \times S^0(产物) - \sum n \times S^0(反应物)$$

吉布斯自由能与自发性

宇宙的熵变可以预测一个化学反应能否自发发生。不过先得知道环境的熵，而环境的熵并不容易确定。引入**吉布斯自由能**（G）这个能量项之后，我们预测化学或物理变化的自发性时就可以仅关注系统本身。

吉布斯自由能

吉布斯自由能（简称吉布斯能，也称化学势）可以定量评估化学或物理过程进行的方向或发生变化的能力。它是一个仅由系统的焓与熵定义的性质，不需要掌握环境变化的相关信息。

吉布斯能变（ΔG）为自发反应的定量预测提供了一套新的标准。当 ΔG 为负值时，正向过程在给定的温度和压力条件下可以自发进行。只要温度和压力条件保持不变，ΔG 就会一直为负，该过程也始终是自发的。

当 $\Delta G = 0$ 时，该过程处于动态平衡，这意味着正向反应和逆向反应以相同的速率自发进行，总体上没有变化。

$$\Delta G = \Delta H - T\Delta S$$

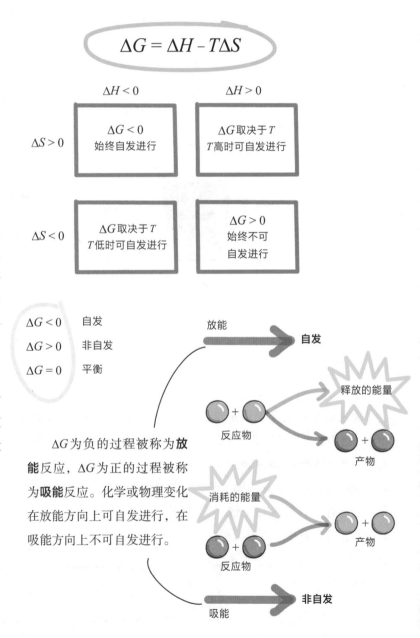

	$\Delta H < 0$	$\Delta H > 0$
$\Delta S > 0$	$\Delta G < 0$ 始终自发进行	ΔG 取决于 T T 高时可自发进行
$\Delta S < 0$	ΔG 取决于 T T 低时可自发进行	$\Delta G > 0$ 始终不可自发进行

$\Delta G < 0$　自发
$\Delta G > 0$　非自发
$\Delta G = 0$　平衡

ΔG 为负的过程被称为**放能**反应，ΔG 为正的过程被称为**吸能**反应。化学或物理变化在放能方向上可自发进行，在吸能方向上不可自发进行。

放能　**自发**

释放的能量

反应物

产物

消耗的能量

反应物

产物

吸能　**非自发**

医用冰袋

一次性医用冰袋中装有硝酸铵（NH_4NO_3）固体这种可溶性离子化合物和水，其中水被单独装在内袋里。当水袋破裂时，水会和硝酸铵混合形成溶液。这个反应是吸热的，也就意味着系统会从环境中吸收热量，因此冰袋摸起来冰冰凉凉的。

环境失去热量会导致熵减。而系统（冰袋内部混合物）的熵会增加，因为固体化合物变成了溶液中的离子，粒子的自由度、无序度和混乱度都增加了。系统熵的增加足够弥补环境熵的减少，可以维持$\Delta G<0$和$\Delta S_{宇宙}>0$。

$$NH_4NO_3(s) + 热量 \rightarrow NH_4^+(aq) + NO_3^-(aq)$$

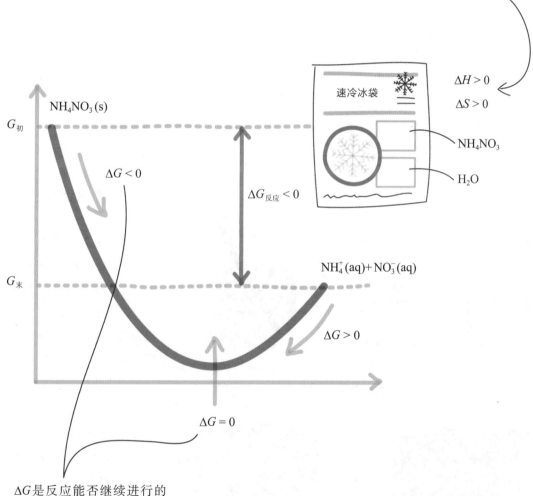

ΔG是反应能否继续进行的定量判断标准。只要ΔG始终为负，反应就能进行下去。在此过程中，ΔG的值不断减小，直到变为 0，此时反应达到动态平衡。

对于冰袋中的离解反应，$\Delta H = +27$ kJ/mol，$\Delta S = +108.1$ J/(mol·K)。在环境温度和气压下，该放热反应的$\Delta G = -5.2$ kJ/mol。

该反应的ΔG值足够大，能使速冷冰袋的效果维持 15~20 分钟，用于缓解扭伤或淤青。

热力学第零定律与第三定律

热力学第零定律描述了相互接触的系统之间的热量交换与热平衡，**热力学第三定律**则阐释了物质的温度与熵之间的关系。这两条定律补充并完善了热力学第一定律和热力学第二定律。

热力学第零定律

根据热力学第零定律，如果两个相互接触的系统的温度不同，就会有热量从较热的一方流向较冷的一方，直到两者温度相同，达到热平衡。

温度计背后的工作原理正是热力学第零定律。当温度计被放置在一个样品中时，它们之间就会发生热量交换。这会使温度计中物质的密度发生变化，从而改变温度计示数。当温度计和样品达到热平衡时，温度计示数就是样品的温度值。

热力学第三定律

热力学第三定律指出，绝对零度下，完美晶体的熵为零。

熵是分子混乱程度的量度。当物质的温度降至绝对零度时，所有分子运动都会停止，形成完美晶体结构。这种高度有序的分子排列代表着零熵。当物质的温度上升时，熵就会增加。科学文献中报道的熵值都是利用热力学第三定律来确定的，被称为**绝对熵**。

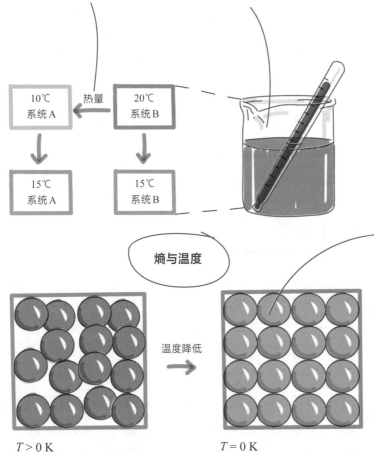

平衡热力学

在没有外界干扰的情况下，所有自发反应都会朝着平衡位置进行。在多数反应中，反应物质并没有处于标准态，但也可以确定ΔG。根据吉布斯能，我们还能得到化学反应平衡位置的相关信息。

吉布斯能与化学平衡

当非标准态下的化学反应朝着平衡位置进行时，我们可以用反应商（Q）来确定ΔG。

吸能反应的平衡位置通常十分靠近产物一侧，因为ΔG为负值，会使反应朝产物侧偏移。

当$Q < K$、$\Delta G < 0$时，反应物与产物之间的浓度差别（用反应商表示）促使反应正向进行。

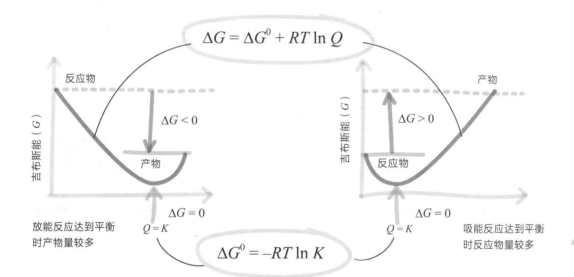

$$\Delta G = \Delta G^0 + RT \ln Q$$

反应物　　　　　　　　　　　　　　　　　　　　产物

吉布斯能（G）　　$\Delta G < 0$　　　产物　　　$\Delta G > 0$　　反应物

放能反应达到平衡时产物量较多　　$Q = K$　　$\Delta G = 0$　　$Q = K$　　吸能反应达到平衡时反应物量较多

$$\Delta G^0 = -RT \ln K$$

当反应达到平衡时，$Q = K$，$\Delta G = 0$。如果K远大于1，平衡就靠近产物一侧，在标准态下$\Delta G^0 < 0$。

如果K远小于1，那么平衡靠近反应物一侧，$\Delta G^0 > 0$。吸能反应就属于这种类型，因为正向反应是非自发的，达到平衡时存在的反应物占绝大多数。

ΔG°表示所有物质均处于标准态时反应的吉布斯能变化，可以由科学文献中提供的标准生成吉布斯能（ΔG_f^0）确定。

$$\Delta G^0 {}_{反应} = \sum n \times \Delta G_f^0 \text{（产物）} - \sum n \times \Delta G_f^0 \text{（反应物）}$$

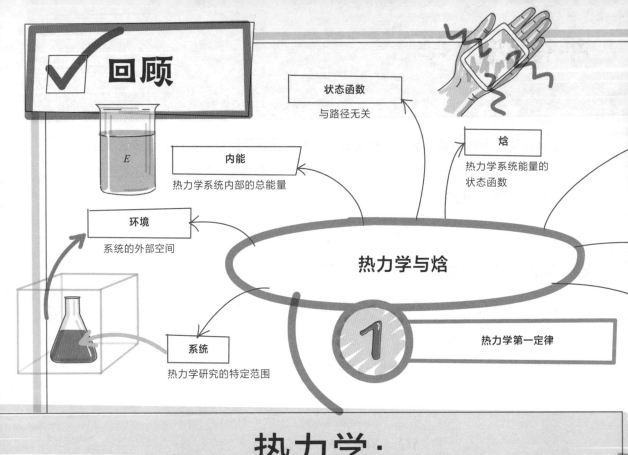

状态函数

与路径无关

焓

热力学系统能量的
状态函数

内能

热力学系统内部的总能量

环境

系统的外部空间

热力学与焓

系统

热力学研究的特定范围

1

热力学第一定律

热力学：
能量从哪里来，到哪里去？

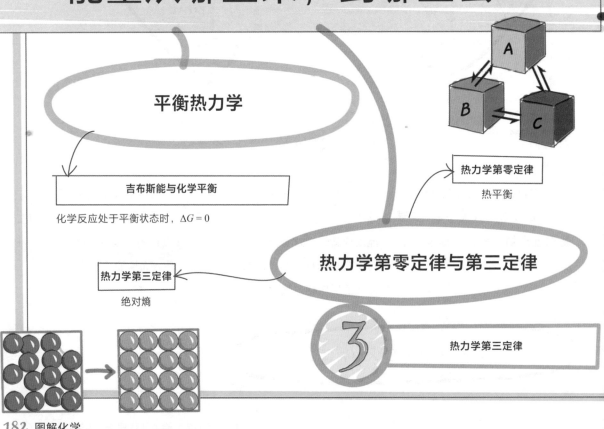

平衡热力学

热力学第零定律

热平衡

吉布斯能与化学平衡

化学反应处于平衡状态时，$\Delta G = 0$

热力学第零定律与第三定律

热力学第三定律

绝对熵

3

热力学第三定律

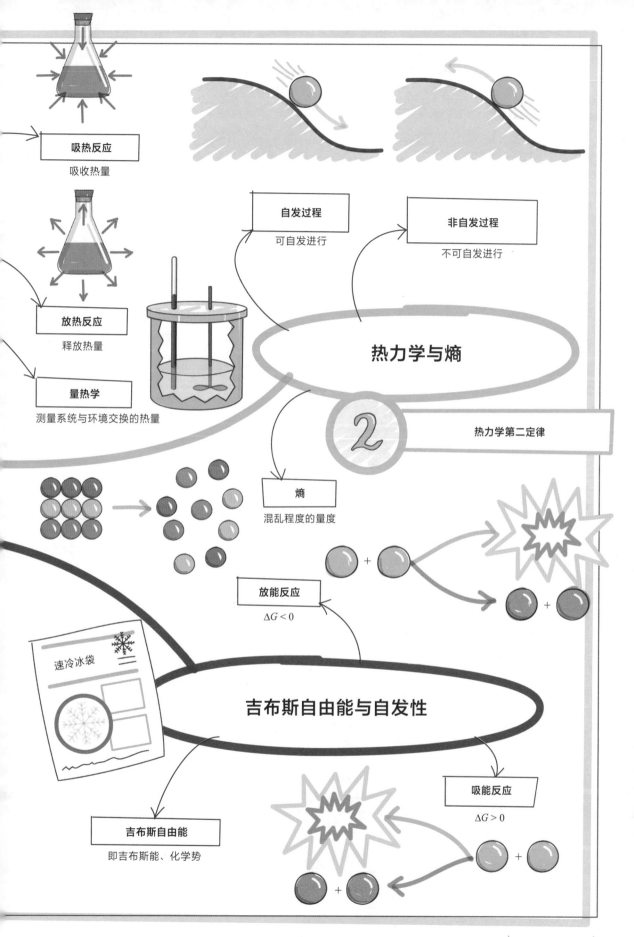

吸热反应

吸收热量

放热反应

释放热量

量热学

测量系统与环境交换的热量

自发过程

可自发进行

非自发过程

不可自发进行

热力学与熵

热力学第二定律

熵

混乱程度的量度

放能反应

$\Delta G < 0$

速冷冰袋

吉布斯自由能与自发性

吉布斯自由能

即吉布斯能、化学势

吸能反应

$\Delta G > 0$

第 14 章

电化学：
电子穿梭与电能利用

电化学通过研究电极与电解质界面发生的化学反应，为电能与化学变化的相互作用提供了科学解释。化学的这一分支涉及氧化还原反应，这类反应中的电子会在特定的反应物之间传递。电化学涉及两种主要的方法：利用自发性化学反应来产生电能，利用电能来启动非自发性化学变化。无论是哪种方法，关键都在于系统与环境之间功（电能）的交换。

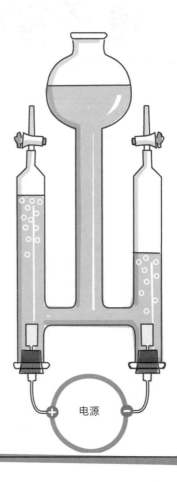

运动的电子

运动的电荷产生电流，这意味着带负电荷的电子在电线等介质中流动，或者离子在电解质溶液中流动时，会形成电流。氧化还原反应涉及电子从电子亲和势小的物质转移到电子亲和势大的物质，也能够产生电流。

氧化还原反应

电子亲和势小的物质失去电子，在还原反应中**被氧化**；而电子亲和势大的物质得到前者失去的电子，在反应中**被还原**。

两种物质直接接触时，电子的转移速度很快。在这种情况下，氧化还原反应中会发生电子的生成与消耗，但不会产生可用的电能。如果将被氧化和被还原的物质分隔开，使氧化还原反应中产生的电子沿电线流动，就能产生可供外部使用的电流。

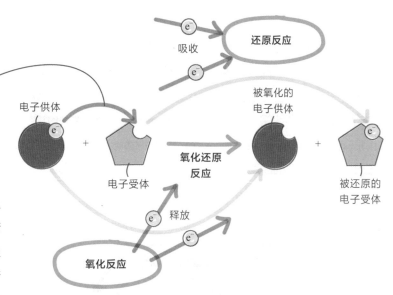

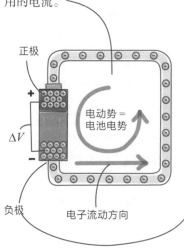

电流

电流的单位是安培（A），指**每秒**流过的以库仑（C）为单位的电荷量。一个电子的电荷量为 1.602×10^{-19} C，所以 1 A 的电流相当于每秒有 6.242×10^{18} 个电子流过。

两个电极之间的**电势差**（ΔV）可驱动电流流动，电势差的单位是伏特（V）。这种类型的电流是**直流电**，电池产生的就是直流电。

电动势是电流在负极与正极之间流动时的电势差。在电化学中，电动势通常被称为**电池电势**（E）。

在氧化还原反应中，通过导线相连的金属**电极**将电子从氧化侧转移到还原侧。发生氧化反应的电极为**负极**，发生还原反应的电极为**正极**。

原电池

原电池（或称**伏打电池**）是一种化学电池，通过自发的氧化还原反应将化学能转化为电能，产生电流。原电池有两个隔室：一个隔室内发生氧化反应，另一个隔室内发生还原反应。这种结构是电池工作的基础。

原电池的结构

在原电池中，液体与金属负极（比如锌，Zn）的接触界面发生氧化反应，这里的液体是该金属的电解质水溶液〔比如硝酸锌，$Zn(NO_3)_2$〕。负极通常位于电池装置的左隔室。

液体与金属正极（比如铜，Cu）的接触界面发生还原反应，这里的液体同样是该金属的电解质水溶液〔比如硝酸铜，$Cu(NO_3)_2$〕。

负极与正极通过导线相连，电子能够从负极移动到正极，为氧化还原反应的自发进行提供必需的条件。

负极与正极之间的电势差驱动电子移动并产生电流，电流可以用电压表测量。生成电流的大小取决于电子流动时的电势差，即电池电势（电动势），原电池产生的电池电势为正值。

当氧化还原反应自发进行时，左隔室的氧化过程生成Zn^{2+}离子，右隔室的还原过程消耗Cu^{2+}离子。

为了保持电中性，需要用**盐桥**分别向左隔室和右隔室提供额外的阴离子和阳离子。否则，氧化还原反应就无法自发进行，电流也不再产生。

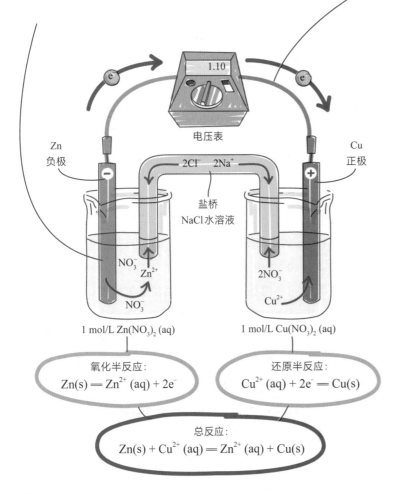

氧化半反应：
$$Zn(s) = Zn^{2+}(aq) + 2e^-$$

还原半反应：
$$Cu^{2+}(aq) + 2e^- = Cu(s)$$

总反应：
$$Zn(s) + Cu^{2+}(aq) = Zn^{2+}(aq) + Cu(s)$$

标准电池电势

当原电池处于标准热力学条件下，即所有反应物和产物都处于标准态（所有溶液的浓度为 1.0 mol/L，所有气体均处于 1 atm 的压力下），这时测量的电池电势就叫作**标准电池电势**（$E^0_{电池}$）。通常设定温度为 25 ℃。

电池电势取决于反应物自发进行氧化反应和还原反应的相对倾向。电子亲和势大的物质与电子亲和势小的物质结合，会产生较大的正电池电势。电池电势越大，氧化还原反应自发进行的倾向就越强。

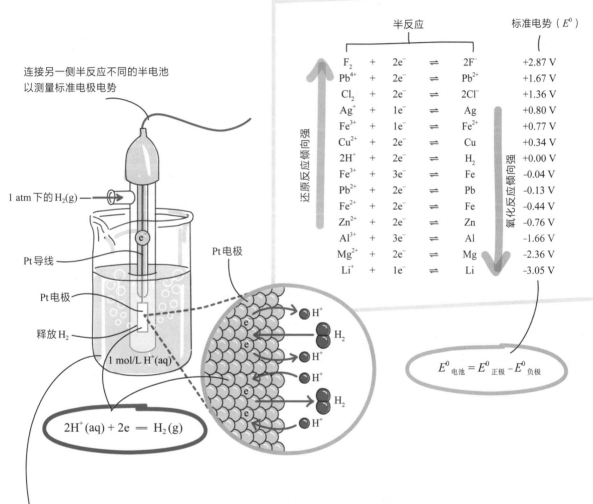

半反应					标准电势（E^0）
F_2	+	$2e^-$	$\rightleftharpoons$	$2F^-$	+2.87 V
Pb^{4+}	+	$2e^-$	$\rightleftharpoons$	Pb^{2+}	+1.67 V
Cl_2	+	$2e^-$	$\rightleftharpoons$	$2Cl^-$	+1.36 V
Ag^+	+	$1e^-$	$\rightleftharpoons$	Ag	+0.80 V
Fe^{3+}	+	$1e^-$	$\rightleftharpoons$	Fe^{2+}	+0.77 V
Cu^{2+}	+	$2e^-$	$\rightleftharpoons$	Cu	+0.34 V
$2H^+$	+	$2e^-$	$\rightleftharpoons$	H_2	+0.00 V
Fe^{3+}	+	$3e^-$	$\rightleftharpoons$	Fe	-0.04 V
Pb^{2+}	+	$2e^-$	$\rightleftharpoons$	Pb	-0.13 V
Fe^{2+}	+	$2e^-$	$\rightleftharpoons$	Fe	-0.44 V
Zn^{2+}	+	$2e^-$	$\rightleftharpoons$	Zn	-0.76 V
Al^{3+}	+	$3e^-$	$\rightleftharpoons$	Al	-1.66 V
Mg^{2+}	+	$2e^-$	$\rightleftharpoons$	Mg	-2.36 V
Li^+	+	$1e^-$	$\rightleftharpoons$	Li	-3.05 V

还原反应倾向强 ← 氧化反应倾向强

连接另一侧半反应不同的半电池以测量标准电极电势

1 atm 下的 $H_2(g)$

Pt 导线

Pt 电极

释放 H_2

1 mol/L H^+(aq)

$2H^+(aq) + 2e = H_2(g)$

Pt 电极

H^+　H_2

$$E^0_{电池} = E^0_{正极} - E^0_{负极}$$

在标准条件下，负极和正极有各自的**标准电极电势**（E^0），据此可以判断氧化半反应和还原半反应自发进行的倾向。

标准电池电势就是正极与负极的标准电极电势的差值。

标准氢电极（SHE）由铂（Pt）电极浸润在 1 mol/L 强酸溶液中构成，该反应中氢离子（H^+）被还原成 H_2 气体。SHE 的标准电极电势规定为 0.0 V，所有其他的标准电极电势都是以 SHE 为基准测量的，通常以标准还原电势的形式列出。

标准还原电势比 SHE 高（正值）的半反应往往在正极发生，作为还原半反应。

标准还原电势比 SHE 低（负值）的半反应往往在负极发生，作为氧化半反应。

吉布斯能与电化学

原电池的目的是产生电能，需要利用可产生正电池电势的自发氧化还原反应。由于吉布斯能提供了反应自发性的判据，因此电池电势与ΔG有关。

标准状态下的自发性

只要$\Delta G^0 < 0$，电池电势就为正值（$E^0_{电池} > 0$），因为反应在标准态下自发进行。**法拉第常数**（F）表示1摩尔电子所带的电荷量（单位为库仑），给出了$E^0_{电池}$和ΔG^0之间的数学关系。

ΔG^0又与标准态下发生的氧化还原反应的平衡常数（K）相关。

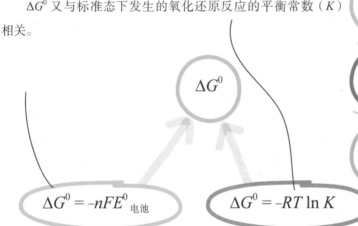

$$\Delta G^0 = -nFE^0_{电池}$$

$$\Delta G^0 = -RT \ln K$$

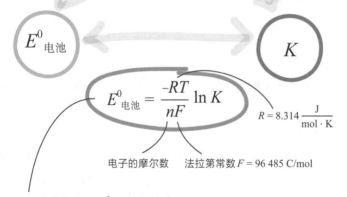

$$E^0_{电池} = \frac{-RT}{nF} \ln K$$

$$R = 8.314 \frac{J}{mol \cdot K}$$

电子的摩尔数　　法拉第常数 $F = 96\,485\ C/mol$

原电池中产生的$E^0_{电池}$与电池中发生的氧化还原反应的平衡常数之间存在数学关系。

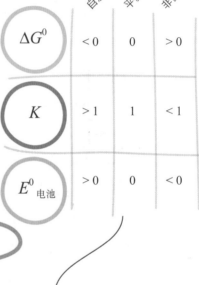

	标准态下的反应		
	自发	平衡	非自发
ΔG^0	< 0	0	> 0
K	> 1	1	< 1
$E^0_{电池}$	> 0	0	< 0

由$E^0_{电池}$、ΔG^0和K之间的数学关系可知原电池产生电能所需的条件。

蓄电池是一类能重复充电和放电的电池。蓄电池放电时，$\Delta G^0 < 0$，$E^0_{电池} > 0$。蓄电池持续工作，直到氧化还原反应达到平衡。蓄电池充电时，可通过电能逆转氧化还原反应，使其恢复初始状态，以便再次工作。

非标准态下的自发性

标准态下以锌和铜为电极的原电池，当其中的电解质溶液浓度为 1.0 mol/L 时，$E^0_{电池}=1.10\,V$。当负极的电解质溶液浓度为 0.01 mol/L、正极电解质溶液浓度为 2.0 mol/L 时，同样的原电池会产生 1.17 V 的电池电势（$E_{电池}$）。

对于非标准态下伏打电池中发生的自发氧化还原反应，吉布斯能变（ΔG）可由**能斯特方程**得出，其中 Q 是总氧化还原反应的反应商。

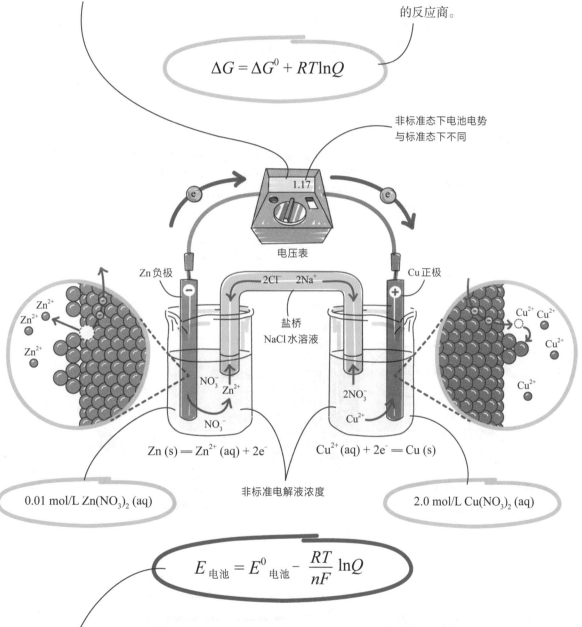

$$\Delta G = \Delta G^0 + RT\ln Q$$

非标准态下电池电势与标准态下不同

1.17

电压表

Zn 负极   2Cl⁻   2Na⁺   Cu 正极

盐桥
NaCl水溶液

Zn^{2+} Zn^{2+} Zn^{2+}

NO_3^- Zn^{2+}
NO_3^-

$2NO_3^-$
Cu^{2+}

Cu^{2+} Cu^{2+}
Cu^{2+}
Cu^{2+}

$Zn\,(s) = Zn^{2+}\,(aq) + 2e^-$ $Cu^{2+}\,(aq) + 2e^- = Cu\,(s)$

非标准电解液浓度

0.01 mol/L $Zn(NO_3)_2$ (aq)

2.0 mol/L $Cu(NO_3)_2$ (aq)

$$E_{电池} = E^0_{电池} - \frac{RT}{nF}\ln Q$$

非标准态下测量的电池电势（$E_{电池}$）与标准电池电势（$E^0_{电池}$）之间存在数学关系。

用于发电的原电池中，氧化还原反应必须自发进行。这就意味着只要 $\Delta G < 0$，$E_{电池} > 0$，电池就会持续工作，直到反应达到平衡，即 $\Delta G = 0$ 时。

化学电池的分类

原电池和蓄电池不仅可以利用自发氧化还原反应产生电能，而且可以储存电能；这类电池由内置的紧凑单元构成，每个单元都具有双电极结构，并且只有在使用时才会放电。燃料电池的工作原理则不太一样，需要持续提供氧化还原反应中的反应物。燃料电池可以将化学能转化为电能，但不能储存电能。

原电池和蓄电池

原电池也称**一次电池**，只能使用一次；蓄电池也称**二次电池**，可以重复充电、多次使用。

碱性电池

碱性电池是最常见的一次电池，之所以如此命名，是因为它使用一种碱作为电解质，即氢氧化钾（KOH）。这类电池使用过后需进行回收处理，以免其中的强碱泄漏到环境中。

金属锌（Zn）既是碱性电池的外壳，也是负极。电池内部有由二氧化锰（MnO_2）和氢氧化钾（KOH）组成的糊状电解质，一根石墨棒浸在电解质中作为电池的正极。

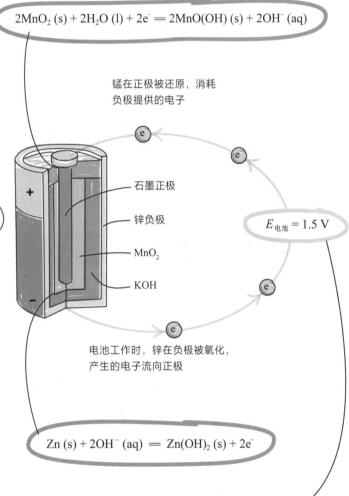

$$2MnO_2\,(s) + 2H_2O\,(l) + 2e^- = 2MnO(OH)\,(s) + 2OH^-\,(aq)$$

锰在正极被还原，消耗负极提供的电子

石墨正极

锌负极

MnO_2

KOH

$E_{电池} = 1.5\ V$

电池工作时，锌在负极被氧化，产生的电子流向正极

$$Zn\,(s) + 2OH^-\,(aq) = Zn(OH)_2\,(s) + 2e^-$$

只要电极上有可用的离子，碱性电池就能持续放电，电池电势一般为 1.5 V。当一个电极上的离子耗尽时，电池就没电了。

燃料电池

与原电池和蓄电池一样，燃料电池能利用氧化还原反应产生电能，但必须持续提供反应物。最常见的燃料电池是航天飞机使用的氢燃料电池。

在氢燃料电池中，氢气被氧化成H^+，产生的电子流向正极。为了加速氧化过程，正极使用铂（Pt）作为催化剂。

每个电池的电池电势为 0.5~0.8 V

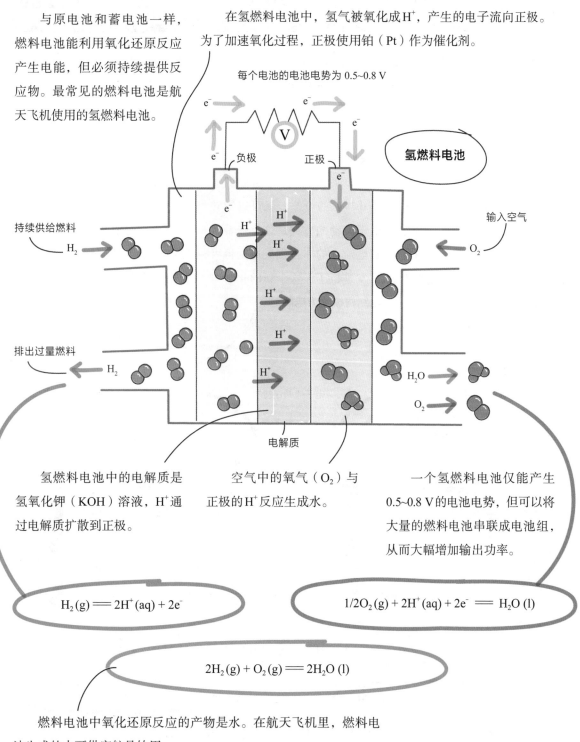

持续供给燃料

排出过量燃料

输入空气

氢燃料电池

电解质

氢燃料电池中的电解质是氢氧化钾（KOH）溶液，H^+通过电解质扩散到正极。

空气中的氧气（O_2）与正极的H^+反应生成水。

一个氢燃料电池仅能产生0.5~0.8 V的电池电势，但可以将大量的燃料电池串联成电池组，从而大幅增加输出功率。

$$H_2(g) == 2H^+(aq) + 2e^-$$

$$1/2O_2(g) + 2H^+(aq) + 2e^- == H_2O(l)$$

$$2H_2(g) + O_2(g) == 2H_2O(l)$$

燃料电池中氧化还原反应的产物是水。在航天飞机里，燃料电池生成的水可供宇航员饮用。

人们预测未来氢燃料电池将会取代目前交通运输和家庭使用的传统发电方式。不过，要想实现氢燃料电池的广泛商用，先要开发容易获得的氢源和价格更低廉的催化剂材料。

电解池

原电池中发生自发反应时会产生电能。在电解池中利用外部电流驱动非自发氧化还原反应的发生，这个过程就是**电解**。

驱动非自发反应

标准态下，由镉（Cd）负极和铜（Cu）正极组成的原电池可以产生 0.74 V电流。因为 $\Delta G^0 < 0$，所以这个氧化还原反应是自发进行的，在此过程中 Cd 被氧化。该反应的逆反应在标准态下不会自发进行。

如果为Cd-Cu电池提供大于 0.74 V 的电流，就可以逆转电子流动的方向，这意味着伏打电池中的非自发反应变得可自发进行了。这个新的化学电池结构被称为**电解池**。

原电池中的负极变成了电解池中的阴极。[①] 这时，铜在阳极被氧化，而镉离子在阴极被还原。电子由外部提供而非由氧化还原反应产生，在电解池中从外部电源向阴极移动。

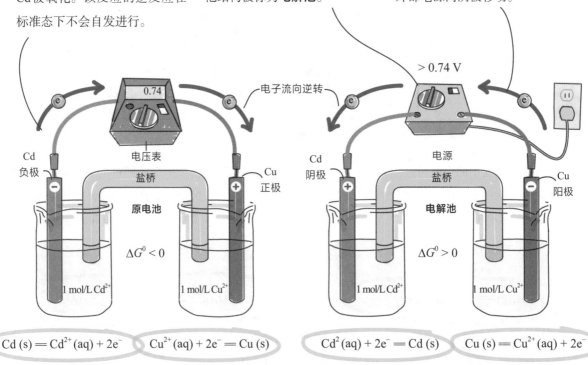

$$Cd(s) = Cd^{2+}(aq) + 2e^-$$
$$Cu^{2+}(aq) + 2e^- = Cu(s)$$
$$Cd(s) + Cu^{2+}(aq) = Cd^{2+} + Cu(s)$$

$$Cd^2(aq) + 2e^- = Cd(s)$$
$$Cu(s) = Cu^{2+}(aq) + 2e^-$$
$$Cd^{2+}(aq) + Cu(s) \xrightleftharpoons{电解} Cd(s) + Cu^{2+}(aq)$$

电解池的 $E_{电池} < 0$，整个氧化还原反应是非自发性的，所以不会产生电流。

因此，必须由外部向电解池提供必要的电子才能使反应发生。电解池的目的不是发电，而是利用电能来驱动那些有商业价值的电解过程。

---

① 电化学中规定，发生氧化反应的为阳极，发生还原反应的为阴极。——编者注

电解

电解是利用电流驱动非自发反应的过程。氢气与氧气结合生成水的反应是自发进行的，因此可以在燃料电池中利用该反应产生电能。而向电解池提供电流可以使反应逆转，将水分解为氢气和氧气。

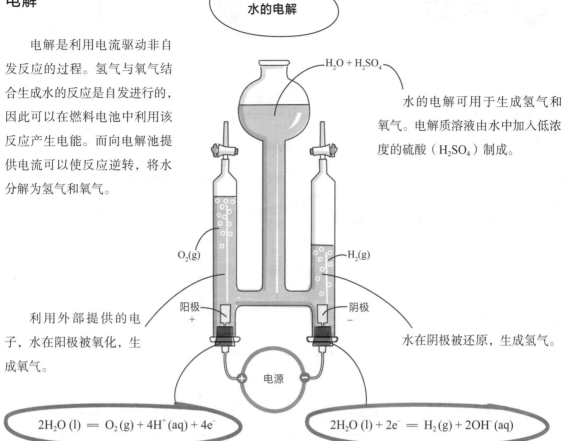

水的电解

$H_2O + H_2SO_4$

水的电解可用于生成氢气和氧气。电解质溶液由水中加入低浓度的硫酸（H_2SO_4）制成。

$O_2(g)$

$H_2(g)$

阳极 +

阴极 −

利用外部提供的电子，水在阳极被氧化，生成氧气。

水在阴极被还原，生成氢气。

电源

$$2H_2O\,(l) = O_2(g) + 4H^+(aq) + 4e^-$$

$$2H_2O\,(l) + 2e^- = H_2(g) + 2OH^-(aq)$$

电镀

电镀是电解在工业上的重要应用，即在金属表面均匀地镀上一层其他金属。这个过程不会自发进行。

在电解池中，含银离子（Ag^+）的溶液中的银能够镀在金属物体上，比如给餐具镀银。

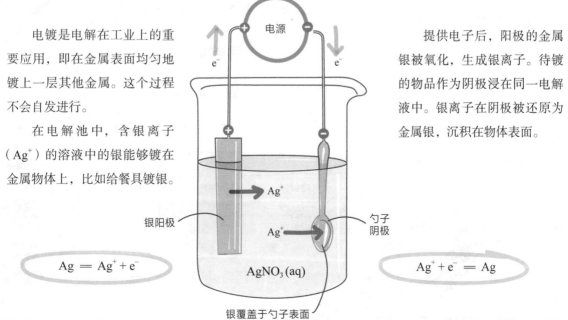

电源

e^-

e^-

提供电子后，阳极的金属银被氧化，生成银离子。待镀的物品作为阴极浸在同一电解液中。银离子在阴极被还原为金属银，沉积在物体表面。

Ag^+

银阳极

Ag^+

勺子阴极

$$Ag = Ag^+ + e^-$$

$AgNO_3\,(aq)$

$$Ag^+ + e^- = Ag$$

银覆盖于勺子表面

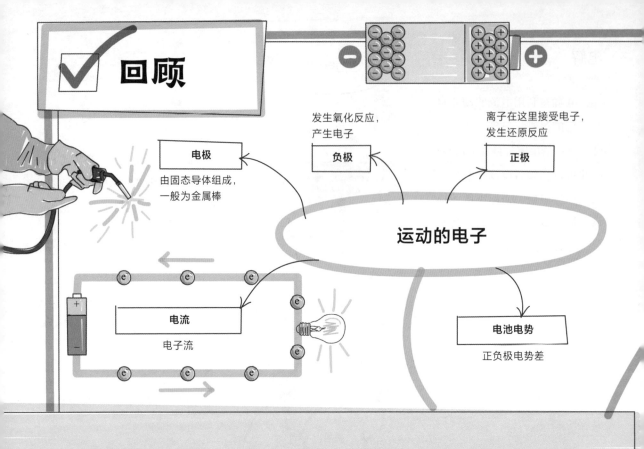

回顾

电极

由固态导体组成，一般为金属棒

发生氧化反应，产生电子

负极

离子在这里接受电子，发生还原反应

正极

运动的电子

电流

电子流

电池电势

正负极电势差

电化学：电子穿梭与电能利用

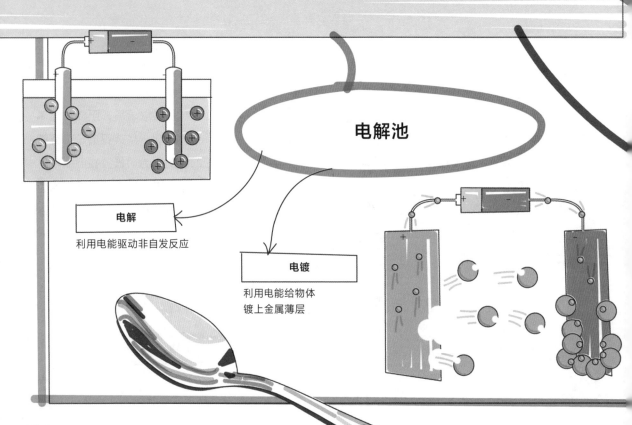

电解池

电解

利用电能驱动非自发反应

电镀

利用电能给物体镀上金属薄层

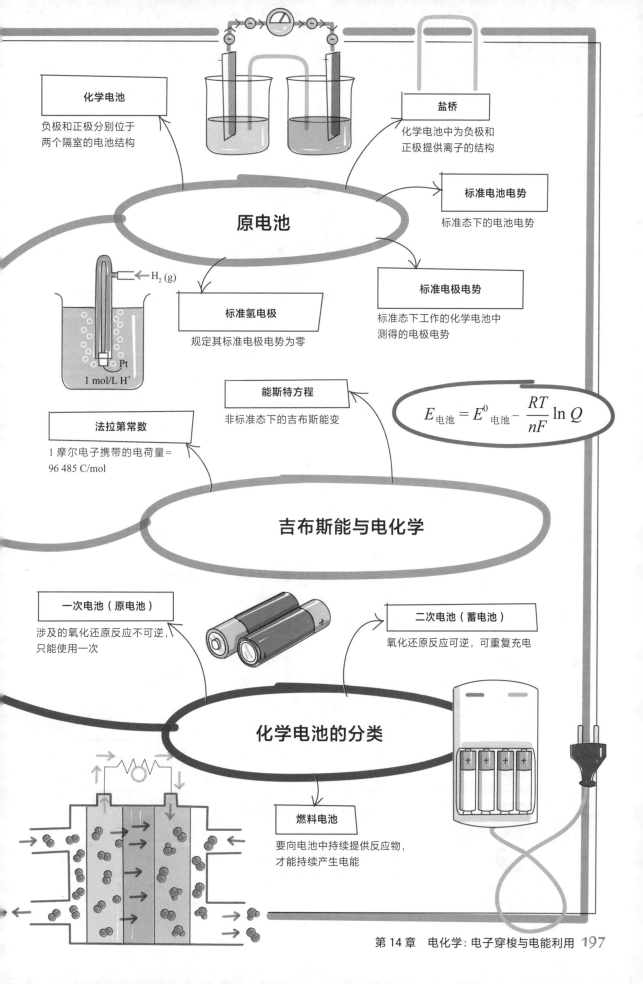

化学电池

负极和正极分别位于
两个隔室的电池结构

盐桥

化学电池中为负极和
正极提供离子的结构

标准电池电势

标准态下的电池电势

原电池

$\leftarrow$ H$_2$ (g)

Pt

1 mol/L H$^+$

标准氢电极

规定其标准电极电势为零

标准电极电势

标准态下工作的化学电池中
测得的电极电势

能斯特方程

非标准态下的吉布斯能变

法拉第常数

1 摩尔电子携带的电荷量 =
96 485 C/mol

$$E_{电池} = E^0{}_{电池} - \frac{RT}{nF} \ln Q$$

吉布斯能与电化学

一次电池（原电池）

涉及的氧化还原反应不可逆，
只能使用一次

二次电池（蓄电池）

氧化还原反应可逆，可重复充电

化学电池的分类

燃料电池

要向电池中持续提供反应物，
才能持续产生电能

术语表

pH

氢离子浓度指数。数学上定义为水溶液中氢离子浓度的负对数，是物质酸碱性的数字量度。

pH 指示剂（酸碱指示剂）

一类呈弱酸性或弱碱性的复杂有机分子，在水中电离能力较弱，在不同的酸碱环境中能够显示出不同的颜色。

SI 单位

这里的"SI"是法语 Système International（d'unitès）或英语 International System of Units（国际单位制）的缩写。包含 7 个标准基本单位，分别用于测量物质的量（摩尔）、温度（开尔文）、质量（千克）、长度（米）、电流（安培）、发光强度（坎德拉）和时间（秒）。

VSEPR 理论

即价层电子对互斥理论，基于带负电荷的价电子之间的静电排斥来预测分子形状，以及由此形成的分子几何结构的极性。

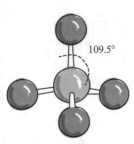

四面体形分子结构由
VSEPR 理论推测得出

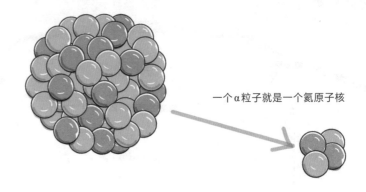

一个 α 粒子就是一个氦原子核

α 粒子

核变化中不稳定原子核发射出的带正电荷的氦-4 原子核。

β 粒子

核变化中不稳定原子核放射出的带负电荷的电子。

γ 粒子

不稳定原子核放射出的高能光子，没有质量，不带电荷。这种粒子可以穿透人体皮肤，造成细胞损伤。

阿伏伽德罗定律

一个数学表达式，阐释了气体体积与物质的量之间的正比关系。

八隅体规则

当原子与其他原子通过获得、失去或共用价电子的方式形成化学键时，原子的最外电子层有获得 8 个电子的倾向。

半衰期

一种有用的时间标度，表示放射性物质的一半量衰变为更稳定形式所需要的时间。

波义耳定律

一个数学表达式，阐释了气体压强与体积之间的反比关系。

布朗运动

气体样本中的粒子做永不停息的无规则运动。

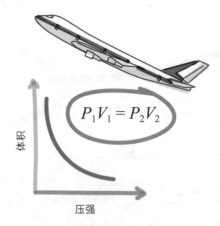

$$P_1 V_1 = P_2 V_2$$

体积

压强

波义耳定律：阐述气体压强与体积之间的关系

查尔斯定律：阐述气体体积与
温度之间的关系

查尔斯定律

一个数学表达式，阐释了气体温度与体积之间的正比关系。

纯净物

一种物质的纯净形式，拥有明确且固定的组成。

弹性碰撞

气体粒子之间的碰撞，在此过程中会发生能量的交换，但总能量守恒。

电动势

化学电池中电流流动时负极与正极之间的电势差。

电负性

原子吸引电子的能力。元素周期表中元素的电负性在 0.7 至 4.0 之间。

电化学

化学的一个分支，研究电极与电解液接触界面发生的氧化反应与还原反应中，化学能与电能之间的相互转化。

电极

在化学电池中用于将电子从负极传递到正极的导电体，通常为金属。

电解质

溶于水后发生电离的物质，形成的水溶液能够导电，比如食盐。

电离辐射

能够从原子和分子中夺去电子的电磁辐射（光），会对生物有机体造成组织损伤。

电子

分散在原子核周围广阔空间里的带负电荷的亚原子微粒。电子在很大程度上影响着各种元素的化学性质。

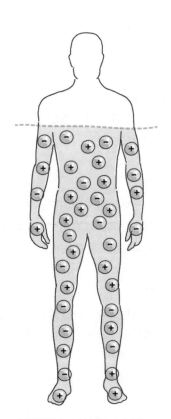

电解质对于人体健康十分重要

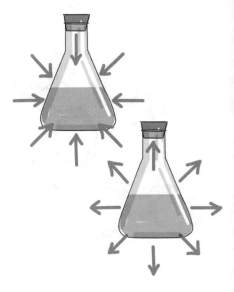

吸热过程和放热过程的热量流向

电子亲和势

原子接受电子难易程度的量度，是用于判断一种元素的化学键性质的依据。

丁达尔效应

胶体或空气中悬浮的随机运动的纳米级粒子使光束发生散射的现象。

法拉第常数

1 摩尔电子携带的以库仑（C）为单位的电荷量，数值为 96 485 C/mol。

放热过程

焓变为负值的物理或化学过程，发生时会释放热量。

分子

由两种或两种以上原子永久结合而成的化学单元，分子内原子具有相近的电负性，彼此之间通过共用价电子形成共价键。

极性分子之间的偶极—偶极
分子间力

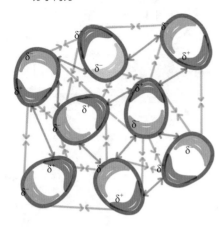

分子间力

一种吸引力，大小取决于分子的极性。在以共价键结合的物质中，是分子间力使分子聚集在一起。

负极

化学电池中发生氧化反应、产生电子的电极。

盖吕萨克定律

一个数学表达式，阐释了气体温度与压强之间的正比关系。

盖吕萨克定律：阐述了气体压强与温度之间的关系

共价键

为满足八隅体规则，电负性相近的非金属原子通过共用价电子形成的化学键。

光子

没有质量的光粒子，由微小的电磁能量包组成，在空间中以波的形式传播，在真空中的速度等于光速。

轨函

原子核周围具有离散能量的三维电荷云区域，表示在该空间明确定义的体积元中能够发现电子的概率为 90%。

还原

物质在化学反应中得到电子。

焓

物理或化学过程中系统与其环境之间交换的热能。

核结合能

将原子核分解为质子和中子所需要的能量。

核力

一种作用于距离极近的亚原子微粒之间的强吸引力，比如质子和中子之间就存在核力。

化合物

两种或两种以上元素根据定比定律，以特定方式化学结合形成的纯物质。

一个轨函的三维示意图

化学

基础性的科学分支，研究有关物质的知识，包括物质的组成、结构和变化，以及物质与其他物质及能量的相互作用。

化学平衡

在化学反应开始一段时间之后所达到的某种状态，此时的正反应速率与逆反应速率相等。当化学反应达到平衡时，反应物与产物浓度没有净变化。

化学性质

物质的一种特性，当物质经过化学变化变成另一种包含相同元素的不同物质时，可以测量或观察到的性质。

核力使原子核保持完整

缓冲溶液

一种由弱酸或弱碱及其盐组成的溶液，能够阻碍加入强酸或强碱时引起的pH变化。

混合物

成分不固定、由两种或两种以上组分混合形成的物质，可以用过滤、蒸馏、蒸发等物理方法进行分离。

吉布斯（自由）能

又称化学势，能够用于定量地判断自发变化的方向，以及判断一个物理或化学过程能否发生。

价电子

原子最外层的电子，在很大程度上决定了元素的化学性质。

碱

接受其他物质给出的质子的物质，其水溶液有苦味，pH大于7。

用于测量焓的恒压量热计

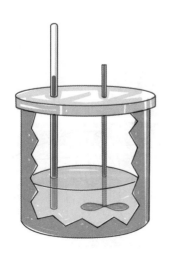

金属键

通过带正电荷的金属原子核与自由移动的电子海之间的静电吸引，使金属原子聚集在一起的力。

离子键

电性相反的离子之间强大的静电吸引，由金属原子与非金属原子之间发生价电子完全转移而形成。

理想气体定律

一个数学表达式，阐释了气体样本的四种标志属性（压强、温度、体积与物质的量）之间的关系。

两性物质

在水溶液中同时具有酸性和碱性的物质，既能够接受质子也能够提供质子，比如水。

量热学

一种科学家使用的实验技术，用于测量物理或化学变化过程中系统与其环境之间交换的热量的确切值。

量子数

一个定义轨函的具体能量、形状和其他性质的数值。

密度

物质的一种特征性质，定义为单位体积的质量。

摩尔

一种方便计量的SI单位，1摩尔表示给定样本中含有 6.022×10^{23}

原子核周围的自由电子运动是金属键形成的基础

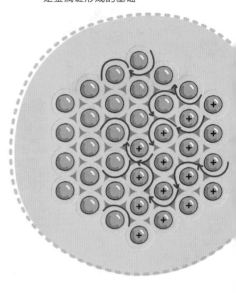

个粒子（阿伏伽德罗常数）。化学家可以利用它来确定制备样品或进行化学反应所需原子和分子的准确数量。

摩尔质量

一摩尔物质的质量（单位为克）。

平衡常数

根据质量作用定律，在温度不变的情况下，一个可逆的化学反应达到动态平衡时产物与反应物浓度的固定比值。

氢键

一种分子间吸引力，存在于F、O或N原子与H原子直接结合的分子之间。

热力学

科学的一个分支，研究物理与化学过程中伴随的能量变化，以及在给定环境条件下物理与化学变化的自发性。

很多固体在液体中的溶解度
随温度升高而增大

溶解度

在一定温度下物质能够溶解
于某种溶剂中的最大量；物质的
溶解度取决于物质及溶剂的化学
性质，也与温度有关。

溶液

包含两种或两种以上物质的
均匀混合物，各处的组成完全
一致。

熵

表示系统中能量的扩散或分
散程度的热力学量，通常与系统
中粒子的混乱度和自由度有关。

酸

提供质子的物质，其水溶液
有酸味，pH 小于 7。

柠檬的酸味
来源于柠檬酸

酸酐

碳、硫、氮等非金属的氧化
物，常以气态形式存在于污染气
体中。与雨水混合形成酸雨。

酸碱滴定

一种定量分析方法，可以通
过中和反应得到样本中酸性或碱
性物质的准确浓度。

酸雨

pH 小于 5.6 的雨水。因空气
中的污染气体与水混合，产生了
酸性环境。

同位素

原子核中质子数相同而中子
数不同的同种元素原子。

物理性质

不改变其本质（不经过化学
变化）就能测量或观察到的物质
性质，比如冰的融化、玫瑰的香
气或大海的颜色。

物质

有形宇宙中存在的所有由原
子构成的物体，具有一定体积和
静质量，拥有特定数量的能量。

物质的量浓度

浓度术语，定义为溶解于
1 升溶液中溶质的物质的量（单位
为摩尔），常用于说明一种均匀混
合物/溶液中存在多少溶质粒子。

吸热过程

焓变为正值的物理或化学过
程，需要从外部输入热能才能发生。

由线状光谱可以看出电子的量子化
能量

氢

氦

碳

线状光谱

当光被元素发射或吸收时，
通过光谱仪观察到的具有不同颜
色和能量的特征光谱线。

压强

气体粒子与单位面积的容器
壁碰撞时所施加的总力。

氧化

物质在化学反应中失去电子。

元素周期表

根据元素的原子序数和化学
性质的周期性变化进行排布的元
素表。

物质的量浓度的概念
让化学家可以便捷地
制备溶液

原电池

由两个隔室组成的化学电池，通过自发性氧化还原反应产生电流。也被称为伏打电池。

原子

所有物质的基本组成单位，由原子核和核外电子构成。原子核中有质子和中子，电子分散在核周围的广阔空间里。

原子核

具有质量的原子核心部分，包含质子和中子。原子的全部质量基本来源于原子核。

原子序数

定义为原子核中的质子数，是元素在元素周期表中位置的标志与特征属性。

原子质量

依据一种元素所有已知同位素在自然界中的丰度，得到它们的加权平均值，即为公认的平均质量。常用原子质量单位（amu）表示。

正极

化学电池中发生还原反应、消耗电子的电极。

质量

物体所含物质数量的量度，与其在宇宙中的位置无关。在国际单位制（SI）中，常用单位千克表示。

质量作用定律

提供了可逆化学反应的平衡常数的数学定义，即温度不变时产物与反应物浓度的固定比率。

质子

位于原子核中的带正电荷的亚原子微粒，质量为 1.007 28 amu（amu 为原子质量单位）。

中和

酸与碱之间发生的化学反应，反应产物为水和一种离子化合物。

由丁达尔效应可知，光被空气中的灰尘粒子散射

中子

位于原子核中的一种中性亚原子微粒，质量为 1.008 66 amu（amu 为原子质量单位）。

自发过程

一种物理变化、化学变化或核变化，一旦开始就无须持续给予外部干预，能自发进行下去。

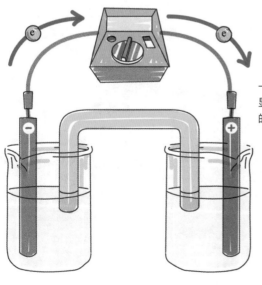

一个原电池结构，显示了化学电池的工作方式

致谢

　　我想感谢下面这些了不起的人，是他们让这本书成形。首先要感谢 Unipress 出版社的发行人奈杰尔·布朗宁给了我撰写本书的机会。特别感谢本书英文版的项目经理及编辑娜塔莉·普莱斯–卡布雷拉，在成书的整个过程中，她一直耐心地给予我悉心的指导和忠实的反馈。感谢林德赛·约翰斯精美的设计与详明的图解，真正为本书的读者带来了直观的视觉体验。我还想感谢我的父母法伊克与海蒂斯对我始终如一的信任。如今我体会到了写书是一项如此艰难的任务，但也是充满意义的工作。如果没有你们的辛苦付出，就不会有这本《图解化学》。谢谢你们！